孩子最需要的彩绘科普书

让您在探究世界的同时 享受美妙的视觉旅程

主编 王平辉

上海科学普及出版社

图书在版编目（CIP）数据

我的第一本植物知识小百科 / 毛吉鹏编著 . — 上海：上海科学普及出版社 , 2015.1（2021.11 重印）

（趣味知识小百科）

ISBN 978-7-5427-6233-7

Ⅰ . ①我… Ⅱ . ①毛… Ⅲ . ①植物—青少年读物 Ⅳ . ① Q94-49

中国版本图书馆 CIP 数据核字（2014）第 217386 号

责任编辑：李　蕾

趣味知识小百科
我的第一本植物知识小百科

毛吉鹏　编著

上海科学普及出版社发行

（上海中山北路 832 号 邮编 200070）

http://www.pspsh.com

各地新华书店经销　天津融正印刷有限公司印刷

开本：710mm×1000mm　1/16　印张：11.25　字数：120 000

2015 年 1 月第 1 版　2021 年 11 月第 2 次印刷

ISBN 978-7-5427-6233-7　定价：39.80 元

随着社会的发展，科技的进步，掌握科普知识也显得越来越重要。那么，什么是科普呢？简而言之，科普就是科学知识的普及。以前说起科普，主要是指生硬的讲解和直接地灌输科学结论，使受众感到特别枯燥、乏味。而如今，科普的观念已经有了很大的变化，是"公众理解科学"、"科学传播"的思想，强调科普的文化性、趣味性、探奇性、审美性、体验性和可视性等特点。它还要求科学家以公开的、平等的方式与受众进行双向对话，总之，是让科学达到民主化、大众化的效果。

其实，在科学的研究之初，人们因为好奇，所以去探究自然界，探究我是谁，从哪里来，到哪里去。也就是说，科学是从不断的发问开始的，是一种寻根的活动，是一种求真的精神追求。而现今大多数人只是为了追求知识量，一味地去死记一些科学结论，从来不去想想这些结论最初是怎么得来的，也很少能体验到逻辑美感的精神愉悦。

科学原本是带给人们探究并认知世界的最美享受，是能够满足人们好奇心、认知欲的一门学问。说到科学，难免会让人们想到一些伟人的科学精神，如当年布鲁诺因坚信日心说而坦然走向宗教裁判所用的火刑，那种为求真一往无前的精神，实在令人敬佩。科学精神是人类的一大宝贵财富，是人类一切创造发明的源泉。有了科学精神，凡事都会讲求真，而决不随波逐流。

我们知道，科普读物曾长期被人们误会和曲解，其专业化和细节化使得很多人过多关注于某一个极其细微之处，从而使它变得索然无味，仿若嚼蜡。本套丛书出版的目的就是要打破这一现象，把枯燥的科普读物变得更加有趣。我们期冀借助精美的图片、流畅的文字，让读者从字里行间体会到科学的情感所在。

这套丛书很好地为读者展现出诸如生命机体、天空海洋、草原大陆、花鸟虫鱼等最纯真、最真实的世界，我们以最虔诚的态度尊重自然、还原历史。纯洁、自然、不事雕琢，这是我们渴望得到读者认可的终极理想。

感谢在本套丛书的出版过程中给予帮助的所有朋友，感谢各位编辑、各位同仁的鼎力支持，也欢迎读者提出宝贵建议，您的建议是我们进步的阶梯，也是我们最宝贵的财富。

编者

目 录

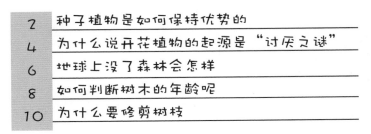

3

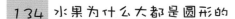

植物给人类带来的贡献是巨大的，它们不仅为我们提供了衣食住行，也改善了我们的生活环境。我们应该尊重它们、爱护它们，与它们和谐相处。

　　此外，神奇的植物世界也给我们带来了很大的探究乐趣，如植物有感情吗？有黑色的花朵吗？花朵可以吃吗？日轮花为什么被称作"吃人魔王"？灵芝真的可以让人起死回生吗？铁树真的要千年才开花吗？植物啃得动石头吗？等等。

　　好奇的小朋友们，赶快和我们一起进入神奇的植物世界吧！

精彩故事开始啦！＞＞＞

种子植物是如何保持优势的

种子植物是裸子植物和被子植物的总称，我们常见的花草树木、瓜果蔬菜、五谷杂粮大多都结种子。虽然种子植物的出现比苔藓植物和蕨类植物分别晚了3亿年和2000万年，却成为优势植物，这是为什么呢？

原来，种子植物是由胚珠经过传粉受精形成。种子的构造从外到内一般由种皮、胚和胚乳三部分组成，也有些植物的种子由种皮和胚两部分组成。种子的形成使幼小的孢子体枣胚得到母体的保护，并像

世界上最大的植物种子来自一种椰子树，这种椰子树的名字叫复椰子，它的直径可达30厘米，重量达5千克。它多生长在非洲东部印度洋的一个小岛上。

胎儿那样从母亲那里得到充足的养料。除了这些，种子的结构还可以适用于传播和抵抗不良环境。因此，在植物的系统发育过程中，种子植物比蕨类植物更有优势。

另外，种子在我们的生活中有着许多用途，如我们日常生活中的粮、油、棉，还有一些药用植物（如杏仁）、调味品（如胡椒）、饮料（如咖啡、可可）等都离不开种子。

可见，小小的种子还挺有自己的生存优势和自我价值呢。

为什么说开花植物的起源是
"讨厌之谜"

在化石记录中，全球最早的花可能要算近年来在中国发现的"辽宁古果"和"中华古果"，这两种看上去并不太美丽的植物有着完整

的花朵和果实。

关于它们生活的年

代，有侏罗纪晚期（1.45

亿年前）和白垩纪早期（1.25亿

年前）等不同说法。但不管怎样，科

学家们普遍相信，开花植物首次出现

在地球上，是1亿多年前的事。

　　开花植物已经在地球上生存了这么久，但是当我

们面对在构造上、体型上及组织上都极为复杂且变异多端的

花朵，要探索它们的起源是一件相当困难的事，因此，1879年

达尔文写给虎克的信中提到："由我们目前检视的所有高等植物，实

在无法想象，它们怎么能在那么短的地质年代快速地发展出来，这真

是一件令人心烦的神秘事"。

　　世界上最早的花到底是什么样子？又起源于何时

何地？ 100多年前，当达尔文这样对自己轻轻发问的时候，他或许

没有想到，这竟成了困惑后人一个多世纪的"讨厌之谜"。

地球上没了森林会怎样

　　郁郁葱葱的森林不仅给大地披上了一件美丽的外衣，也是自然界中一笔巨大而珍贵的"绿色财富"，如：枫树、刺槐、樟树、夹竹桃、榆树、丁香、法国梧桐、丁香等树木都有较强的吸收有害气体的能力。空气中的二氧化硫、氟化氢、氯气等有害气体通过森林的过滤，通常有 1/4 可以得到净化，或变成氧气。

　　树叶就像一张过滤网，它的表面生有绒毛，能够分泌黏液和油脂粘住灰尘，随后迅速喷射杀菌素，灭掉对环境有害的病菌。并且，林木还能吸收噪声，一条 40 米宽的林带，可以降低噪声 10 分贝 ~ 15

分贝。所以，为了给小朋友一个安静的学习环境，我们时常会在学校周围种上一些树。

森林是如此重要，以致联合国粮农组织把"森林"与"生命"定为1991年世界粮食日的主题。如果没有森林，陆地上绝大多数的生物会灭绝，绝大多数的水会流入海洋；大气中氧气会减少，二氧化碳会增加；气温会显著升高，水旱灾害会经常发生。那将会是非常可怕的事情！

地球上最大的雨林是亚马逊的热带雨林。森林面积有3亿公顷。这里还被人们赋予了"地球之肺"和"生物科学家的天堂"的美誉。亚马逊雨林之所以如此繁茂和广阔，是因为有了亚马逊河对它的孕育。这里还有着"神秘王国"之称。

如何判断树木的年龄呢

我们在生活中处处可见各种各样的大树，总觉得自己都长高了不少，可那大树除了枝叶茂盛了一些，树干粗壮了一些外，好像没有太大的变化。你知道大树怎么表达自己的年龄吗？

大树是用年轮来表示自己的年龄的。将大树锯开，横断面上长着一圈一圈的印痕，这就是树木的年轮。数一数大树横断面上有多少个圈，就能知道这棵树生长了多少年。

大树是怎样在一年四季里形成一圈年轮的呢？原来，树的皮和木质之间有一层细胞，这层细胞整整齐齐围成一个圈，又不断分裂出新细胞来，年复一年，树木便会越长越粗

壮，这层细胞叫形成层。春夏雨季，阳光明媚、雨水丰足，树木会迅速生长，这时形成层迅速分裂出许许多多新的细胞来，这些细胞个儿大，形成的木质显得疏松，颜色也较浅。进入秋天，天气由暖变冷，雨水相应减少，这时，树木的生长缓慢，形成层分裂细胞的速度减慢会使分裂出来的细胞个儿较小，形成的木质显得细密，颜色很深。由于木质的疏密不同和颜色的深浅不同，就形成了一圈清晰的年轮。随着年复一年，年轮不断增多，小树就渐渐长成了大树。

为什么要修剪树枝

人们爱用"树不剪不成材"这句话来比喻要及时纠正孩子的错误。你知道为什么树不剪不成材吗？

植物的生长靠的是体内的生长素，生长素一般都分布在植物枝桠的顶端。生长素有个坏毛病，它们只能促进顶端的生长，这样就影响了旁边枝桠的生长。所以，给植物修剪枝桠，可以保障植物的健康生长，而且，城市里的植物经过修剪枝

修剪得真漂亮！

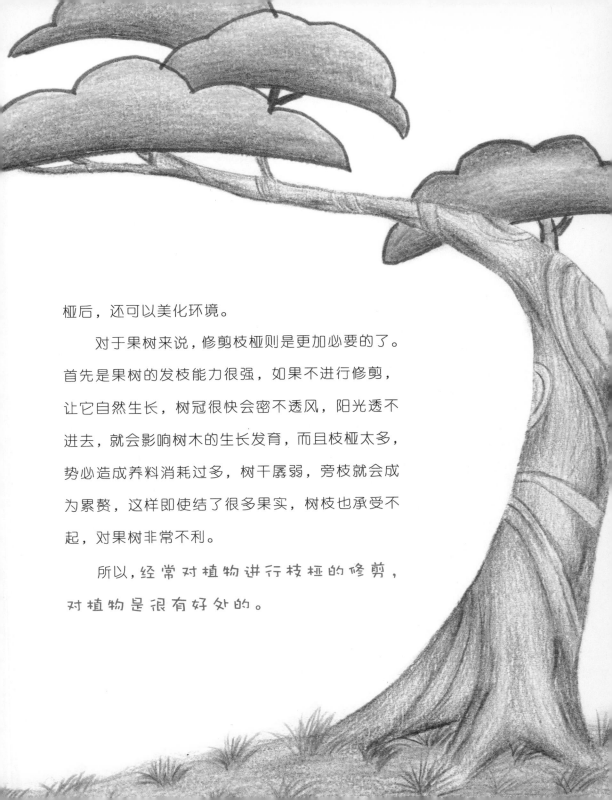

桠后，还可以美化环境。

　　对于果树来说，修剪枝桠则是更加必要的了。首先是果树的发枝能力很强，如果不进行修剪，让它自然生长，树冠很快会密不透风，阳光透不进去，就会影响树木的生长发育，而且枝桠太多，势必造成养料消耗过多，树干孱弱，旁枝就会成为累赘，这样即使结了很多果实，树枝也承受不起，对果树非常不利。

　　所以，经常对植物进行枝桠的修剪，对植物是很有好处的。

被子植物与人类有什么联系

　　所谓被子植物，也就是绿色开花植物，它们的种类繁多，达20多万种，占地球上所有植物的2/3，遍布地球的各个角落。我们常见植物，如萝卜、白菜、小麦、水稻、杨、柳等，大多是被子植物。

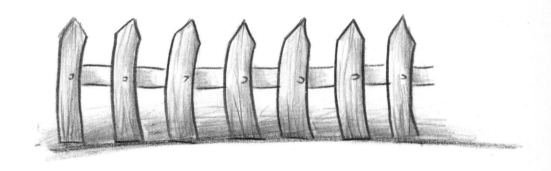

　　被子植物和人类的关系最为密切，它们既是人们主要的食物来源，如瓜果蔬菜、谷类、豆类等，还是人们在生产和生活中所需要的主要原料，诸如建筑、造纸、纺织、塑料制品、油料、纤维、食糖、香料、医药、树脂、鞣酸、麻醉剂、饮料等行业或产品，均需要被子植物提供原料。

　　此外，被子植物还能够调节空气和改善环境。如今，被子植物不仅每年能向大自然提供几百亿吨宝贵的氧气，同时还从空气中取走几百亿吨的二氧化碳，因此，我们说被子植物是人类和一切动物赖以生存的物质基础，确实不是过誉之词。

猪笼草是怎样捕食的

我们都见过虫子吃草，可是，你知道世界上还有一种可以吃虫子的草吗？

在亚洲的热带地区，就生活着这么一种食虫植物。这种植物拥有一副独特的吸取营养的器官——捕虫囊，捕虫囊像个下半部稍微大一些的圆筒，因为形状像猪笼，所以人们给它取了个很形象的名字：猪笼草。

我国的海南是猪笼草的产地。在那儿，猪笼草又被称作雷公壶，意指它的捕虫囊像一个酒壶。这类不从土壤等无机界直接摄取和制造维持生命所需营养物质，而依靠捕捉昆虫等小动物来谋生的植物，被称为食虫植物。那么，猪笼草是如何捕捉昆虫的呢？

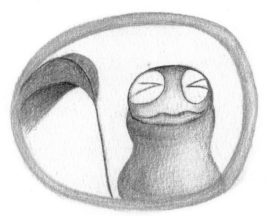

原来，猪笼草捕虫囊的构造比较特殊，它的内壁上约有100万个消化腺，能分泌大量无色透明、稍带香味的酸性消化液，昆虫接触到这种消化液后就会中毒，从而全身麻痹。平时，捕虫囊内总盛有半囊左右的消化液。同时，捕虫囊的内侧和边缘部分有许多蜜腺，能分泌出又香又甜的蜜汁，用来诱惑昆虫。当捕虫囊敞开"蜜罐"盖时，会招来许多贪吃的小昆虫，小虫一旦掉进"蜜罐"里，囊盖马上自动关闭，昆虫很快中毒死亡，不久，所有的肢体都被消化成猪笼草的营养物。接着，"蜜罐"盖又会打开，等待捕捉下一个猎物。

树叶为什么是绿色的

为什么大多的树叶都是绿色的？你思考过其中的原因吗？

原来，树叶里有许多微小的绿色颗粒，我们称之为叶绿素。这些神奇的叶绿素，是存在于植物细胞叶绿体中的一类重要的绿色色素，它能够利用水、空气以及阳光来制造植物所需要的养分。

叶绿素可以吸收绝大多数光线，却只吸收很少一部分绿色光，阳光照在树叶上，其他的光线都被吸收了，而大部分绿色光线则被反射回去。所以我们看到的树叶一般都是绿色的。

实际上不只是树叶和小草里含有叶绿素，许多未成熟的水果表皮里也有叶绿素，所以未成熟的果子看上去也是绿色的。

初生的叶子常常是浅绿色的，这是因为新生的叶子中叶绿素很少。叶子长大以后，叶绿素会慢慢地变多，而且向着阳光的叶面，它的叶绿素比它的反面要多得多，这也是叶子两面的绿色深浅不同的原因。

世界上最大的树叶是大棕榈的叶子，这种树大多生长在亚马逊河附近，它的叶子宽达 10 米，长有 20 多米，这样大的树叶 估计可以遮盖一座房子。另外，百岁兰和王莲的叶子也很大。百岁兰叶子最长的寿命可达 2000 年。王莲叶子直径可达 2 米多。

种子是如何萌芽的

　　无论在荒无人烟的沙漠，还是在波涛浩淼的湖泊，我们都能见到坚挺生长着的植物，原先它们都是一颗颗小小的种子，这小小的种子破土而出需要经历怎样的过程呢？

　　只要种子的胚是活的，有合适的水分、空气和温度等外界条件，不久种子就会萌芽，长成幼苗。种子有双子叶和单子叶之分，它们的萌芽是不同的。

　　黄豆长出黄豆芽、绿豆长出绿豆芽，就是一个双子叶植物种子的萌芽过程。这类种子萌芽时，首先吸收水分，体积膨大，突破种皮，子叶里贮藏的营养物质，输送给胚根、胚轴、胚芽。这三部分的细胞经过分裂和生长，胚根发育成根；当胚

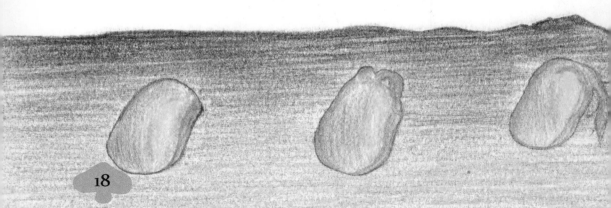

轴伸直时，顶端便带着两片子叶伸出土面——幼苗破土了。幼苗刚破土后，黄白色的胚芽显露出来，胚芽逐渐发育成植物的茎，茎上生出叶子，在阳光下逐渐变成绿色。

小麦、玉米、高粱等是单子叶种子，以玉米为例，种子萌芽时，子叶不伸出来，而是留在种子里，吸收胚乳的营养物质输送给胚根、胚轴、胚芽。胚根先从种子里伸出，发育成根，根的基部又长出三四条根。同时，胚芽也在伸长，突破种皮，逐渐伸长钻出土面。幼苗一出土面，胚芽经过阳光的照射，很快就会变成绿色。

谁是绿色植物的祖先

现在地球上生存的许多绿色植物，它们有自己的祖先吗？如果有，那么它们的祖先又是谁呢？答案是蓝藻，蓝藻是地球上最早出现的绿色植物。

最早的蓝藻类化石，是人们在南非的古沉积岩中发现的，这是距今约 34 亿年前，地球上已有生命的证据。古代蓝藻的样子和现代蓝藻的样子有些相似，但并不完全相同。

在植物进化史上，蓝藻的出现是一个巨大的飞跃，这和在地球上生命的出现同等重要。因为蓝藻能够吸收阳光，利用太阳能把溶解在海水里的化学物质变成食物。也就是说，蓝藻的细胞里含有许多叶绿素，能够进行光合作用，合成蛋白质，放出氧气，并且能独立进行繁殖。

今天我们看到的郁郁葱葱的树木、旺盛的庄稼、娇艳美丽的花卉，都是由低等的藻类，经过几亿、几十亿年的进化和发展而来的。

此外，蓝藻对陆地上的动植物的生存，也有着很大的贡献。如藻类可以进行光合作用，吸收二氧化碳，放出大量氧气，形成臭氧层，减弱日光中紫外线对生物的威胁力，还使水生生物有可能发展到陆地上来，并为低等动物的兴起提供了食物。

绿潮，即蓝藻大规模爆发，与海洋发生的赤潮相对，会引起水质恶化，严重时会导致水中氧气耗尽，威胁到其中鱼类的生存。

被子植物是怎样的

被子植物是现今植物界最繁盛和分布最广的类群，也被人们称为"开花植物"或"显花植物"，最主要的特征是具有真正的花，由花萼、花瓣、雄蕊或雌蕊构成。目前地球上共有25万～30万种被子植物，占据植物界一半以上。这还不包括新发现的种类。

最常见的被子植物有萝卜、大白菜、西蓝花、花椰菜、青菜、丝瓜、冬瓜、黄瓜、南瓜等食物，也有满天星、菊花、芍药、牡丹、含笑、白兰、玉兰等花卉。

被子植物是现代植物中最高级、最繁茂的一个类群，它分布很广，

几乎遍布世界各地。另外，它的营养器官和繁殖器官都比裸子植物高级和复杂，自新生代以来，因为更适应环境，所以一直占据着生存优势。被子植物的特征有以下几点：第一，被子植物有真正的开花结果过程；第二，被子植物的胚珠隐藏于密闭的子房中；第三，被子植物具有发达的维管束结构组织；第四，被子植物的花粉可经风媒、水媒、虫媒等方式散播。记住这四点特征，你就可以很快很准确地判断出什么是被子植物了。

树干为什么长成圆的

　　我们身边生长着许多郁郁葱葱的树木，它们的种类不同，大小不同，但树干总都是圆的，这是为什么呢？

　　俗语说，人往高处走，水向低处流，这是说任何事物都是向着对自己有利的方向发展，植物也不例外。圆的面积比其他任何形状的面积都大。也就是说，数量相同的材料，圆形可以做成面积最大的东西。任何一棵树，哪怕树冠参天庞大，仍然只靠一根主干

支持，尤其是果实累累的树，更要靠树干的有力支持，而圆柱形能够提供更强有力的支撑。这只是树干为什么长成圆的原因之一。

我们知道，树木的皮层是树木输送营养物质的通道，皮层一旦中断，树木就会死亡。树木是多年生长的植物，它的一生难免要遭受很多外来的伤害，特别是自然灾害的袭击。如果树干是方形、扁形或其他棱角的形状，那么它更容易受到外界的冲击伤害，如狂风暴雨、沙尘暴等自然灾害的袭击。圆形的树干就不同了，狂风吹打时，不论风卷着尘沙杂物从哪个方向来，都容易沿着圆面的切线方向掠过，受影响的只是极少部分。这样，圆形的树干就能更好地防止外来的侵害。

因此，树干的形状，也是树木对自然环境适应的结果。

为什么可以用芦荟来护肤

提到芦荟，我们可能马上会想到和美容护肤有关的化妆品，但是并不太了解它来自哪里，它为什么有美容护肤的作用。

芦荟是一种生长在干燥地区的植物，又叫作油葱，被称为植物"美容师"。这种古老而神奇的植物原产于非洲沿海。早在古埃及时代，它的价值就被人们充分认识和利用。

芦荟的种类繁多，不同种类的芦荟形状也千姿百态，它们大多长着狭长形的叶子，边缘有着黄色的小锯齿。从表面上看，芦荟与其他植物并没有太大的差别，但从它们的叶子中提取的油脂却可以使肌肤光滑，富有弹性。另外，芦荟还能散发出清新的气味，令人

保持镇静。

现在，芦荟的神奇功效已得到举世公认，芦荟有天然保湿因子、抗紫外线因子、消炎抑菌剂、维生素、微量元素、果酸、单酸和 17 种氨基酸等多种活性营养成分。芦荟的鲜叶中还含有原始的天然生物水，占鲜叶总重量的 99% ～ 99.5%，这种水能消除皮肤表面的污物尘埃，有效抵抗阳光和环境对皮肤的侵害，使色斑变淡变浅，促进皮肤的新陈代谢和血液循环，延缓皮肤衰老。

我们吃的是桃肉还是桃皮

有句俗语说：宁吃鲜桃一口，不吃烂杏一筐。可见，桃子还是很受人们喜爱的。

桃原产于我国，已有3000多年的栽培历史，品种很多，全世界约有3000多种桃，比较著名的有水蜜桃、肥城桃、白桃、蟠桃和雪桃等，其中尤以肥城桃和深州蜜桃驰名天下，堪称群桃之冠。

桃的果实具有浓郁的芳香，味道甜美，果肉有软、硬之分，其中软肉桃更受人们爱戴，特别是无锡的特产水蜜桃，果实色泽艳白，味甜香浓，柔软如水，熟透了的水蜜桃只需在果实内插入一根吸管，用嘴吮吸，便能使蜜汁源源不断入口，如饮醇露。

桃子属于核果，桃子的果皮分为三层，外果皮是薄薄的一层，中果皮就是我们平时吃的果肉，而内果皮则是我们称之为桃核的部分，桃核里面包裹着的桃仁才是桃子真正的种子，而这恰恰是我们丢弃的部分。不过桃仁里面含有毒素，不经过加工是不能吃的。

现在明白了吧，原来我们经常吃的是桃子的中果皮。

花朵可以吃吗

花朵能作为食物吗？答案是肯定的，但并不是所有的花朵都能食用，换句话说，能食用的花朵的种类是有限的。目前已发现可以食用的花朵大概有一百多种，如槐花、荷花、桃花、杏花、菊花、玫瑰花等，这些花都可以做成美味可口的菜肴、糕点、饮料、茶、酒以及其他食品。

花朵和植物的其他部分一样，具有十分丰富的营养价值，花朵里维生素 C 的含量高于新鲜水果，蛋白质也远胜于肉

类食品。特别是盛开时候的鲜花，花粉的含有量更加丰富，其营养价值也更胜一筹。经试验表明，花粉中含有上百种物质，包括 22 种氨基酸、14 种维生素和其他微量元素，具有强身健体的作用。

有许多花朵还有药用价值：芙蓉花可以清肺凉血、去热解毒；栀子花能清热凉血、平肝明目；百合可以润肺止咳、宁心安神；桃花治疗水肿、脚气、心腹痛、脓疱疮、头癣；玉兰花可以治疗鼻塞不通、高血压；杜鹃花则是哮喘咳嗽的克星。

水果为什么会散发出诱人的香味

　　不同种类的水果，我们会闻到它们不同的香味。那么水果是怎样散发属于自己的诱人香味的呢？

　　水果之所以能散发出诱人的香味，是因为它们和花卉一样，都含有芳香的挥发性物质，这种物质被人们称之为挥发油，尽管含量极微，却能决定某一种水果的风味。水果的挥发油通常是在果实成熟期间形成的，被贮藏过的水果挥发油的含量要略高一些，香味也更加浓郁。

　　每一种水果的挥发油都是由多种不同化学成分组成的混合物，而不是一种纯净的化合物。水果的种类不同，挥发油的成分也不一样。

不过，其中都有1种～2种主要成分起主导作用。例如，在桃子中，酯和内酯化合物是桃子独特香气的主要成分；而组成苹果和梨的香气的主要成分是醇和酯；柑橘、柠檬的香气主要成分是柠檬烯；香蕉的香气为乙酸戊酯；菠萝之所以具有一种特异的芳香，是因为它含有一种特殊的酮。

水果的香气不仅在品种间差异很大，而且在不同的时间其浓度也不一样，夏季成熟的菠萝比冬季成熟的菠萝香气更浓。许多果实的芳香都是到果实成熟时方能产生，如果过早采摘，水果还没有到达一定的生长转变阶段，即使采下后存放，它也不会产生香味。

为什么同一个玉米棒有不同的颜色

在收获玉米的时候，我们有时会看到同一个玉米棒上，玉米粒有几种颜色，黄、红、白交错在一起，非常漂亮，有人称这种玉米为"飞花玉米"。你知道这种玉米是怎么形成的吗？

遍布世界各地的玉米，它的故乡在中美洲。玉米产量高，耐干旱，不怕洪涝，又能在山坡上种植，所以世界各地人们都爱栽培它。由于各地的气候、土壤、水分等外界条件各不相同，栽培方法也不一样，时间一久，就形成了很多品种，而且，不同地方的人们对不同品种、不同颜色的玉米也有特殊的喜好，后来又加上人工的改良，玉米的颜色也就丰富了起来。

玉米是一种异花传粉的植物，主要靠风来传粉。风可以把玉米秆顶的雄花粉洒落在雌花的柱头上，也可以把雄花粉吹到别株的雌花柱头上。在这种没有明确目的性的自然条件下，各种玉米的花粉随

着风在空中飘荡，互相之间很容易进行杂交，从而结出不同颜色的玉米粒。

在玉米开花的时候，你可以做一个有趣的小试验：把白色玉米雄花上的花粉收集起来，撒到红色玉米苞顶上露出的雌花的柱头上，这样结出的玉米棒，就混杂有白、红两种颜色的籽粒了。

更加神奇的是，玉米的花及柱头还能够治疗高血压呢。

为什么说檀香树很"可耻"

檀香树在幼小的时候能过独立生活，靠自己丰富的胚乳提供养料，但是长大以后就不行了，因为养料用完了。这时候，它在根系上就会长出一个个如珠子般大的圆形吸盘，紧紧地吸附在它身旁的植物根系上，靠吸取别的植物所制造的养料来过日子，这种举动很"可耻"。如果檀香树找不到被吸附的植物，它就无法生长，最后会慢慢死去。

除此之外，檀香树还特别小心眼。它依靠别的植物生活，却不能允许它的寄主比它长得好，如果身旁的植物长得比檀香树茂盛，檀香树很快就会"含恨而终"，所以，我们经常会看到郁郁葱葱的檀香树旁总长着几株"营养不良"、"面黄肌瘦"的寄主。

不过，檀香树虽然生活得不光彩，有着自己的小脾气，却被人们所喜爱，这是因为，檀香树是一种名贵的香料，含有一种芳香油，叫"檀香油"，这种檀香油会让木材芳香馥郁，而且香气持久不散。

我很香哦！

原生檀香木极为珍贵，我国的天然檀香木早在明清时就已经被砍伐一空，现在市场上流通的天然檀香木多是从国外进口的。因檀香树生存条件苛刻，目前全球仅有印度、斐济、澳大利亚地区存有天然檀香木。

红茶是怎么来的

茶树的叶子严格说来只有淡绿色、黄绿色、深绿色和灰绿色，但我们所见到的红茶又是怎么回事呢？绿色的茶叶怎么会变成红色的呢？

其实，不论是红茶或绿茶，都是用新鲜的绿色茶叶制成的，只不过加工的方法不同，才会有此区别。

红茶的制作过程是这样的：首先要把绿色的鲜茶叶揉捻，让细胞破裂，挤出汁液，然后等待发酵。发酵时会破坏叶绿素，绿色便消失了，而后茶叶中的鞣酸，在氧化作用下成了红色的氧化物，于是，"红茶"之名便由此而来了。

绿茶的制作过程与红茶有所不同。它是在高温的铁锅中快炒，让水分蒸发，但同时又保存着叶绿素，所以仍是绿色的。

我们喝绿茶时会感到比红茶涩，原因是绿茶中有鞣酸，而红茶因为发酵过，鞣酸已经凝固，不会溶于茶水中，所以喝起来相对温润。但绿茶也因为未经发酵，与红茶相比，保留了更多的茶香。

喝绿茶或喝红茶，对人体的健康都是比较有益的。就拿红茶来说，可以健胃，帮助消化，促进人的食欲；可利尿、抗癌、消炎、杀菌、降血压、降血糖、延缓衰老等。此外，多用红茶漱口，还可以防止感冒和蛀牙呢！

仙人掌为什么满身是刺

长相特殊的仙人掌，全身长满了刺，让人只能欣赏，不能亲近。

仙人掌身上的刺，也是一种叶子的变异。这种植物器官的变异，并不是一种畸形或病态，而是为了适应环境，才改变自身结构以利生存的一种方式。

仙人掌是多肉多刺的植物，生长在干旱的地区，唯有尽量扩大吸收水分的面积，增加吸收的水量，同时缩小蒸散的面积，减少水分散失的量，才能在艰难的环境中生存下去。

为此，仙人掌的茎变成了浆状肉质，有利于储藏大量水分；而植物水分蒸发的主要部分是叶子，为了减少水分散失，仙人掌的叶子也在慢慢退化，甚至有些变为刺状，直至丧失大部分功能。至于仙人掌在养料方面的需要，则由茎来代替叶子完成任务。

很多人认为仙人掌生活在沙漠环境中便具有了防辐射的作用，但事实上仙人掌并不具备此项功能。

花朵为什么是五颜六色的

我们经常用"五彩缤纷、万紫千红、五颜六色"等词语来形容花朵的颜色。可你知道花朵为什么会有这么多不同的颜色吗？

一些以红、蓝、紫为基色的花，它的内部藏着一种叫做"花青素"的东西，能使花朵呈现深浅不同的色泽。

仔细看看喇叭花，有红的、蓝的和紫的，这是因为它们含有花青素。如果把一朵红色的喇叭花放进碱性的肥皂水里，它马上会变成蓝色的。如果再把它从肥皂水里拿出来，改放进稀释的盐酸中，它立刻又会变回原来的红色了。

由此可知，花青素遇到碱性物质会变成蓝色，遇到酸性物质会变成红色，而每一种植物体内的酸碱性都不一样，所以呈现出来的花色自然就不同了。即便是同一株植物，其体内的酸碱度也有所不同，甚至还会随着时间的变化而变化，所以喇叭花有时看是红色的，有时又是蓝紫色的。

另外，温度也会影响花青素变色，早上温度低，花的颜色淡；下午温度高，花的颜色就变深了。

以黄、橙、红色为基础的花，因为含有种类繁多的"胡萝卜素"，也会产生各种花色。

今年流行蓝色！

花朵的香味是从哪里来的

花朵不仅看上去美丽娇艳，让人赏心悦目，还能散发出诱人的清香，并且它还能够让人联想到浪漫的爱情、纯洁的友情，浓厚的亲情等，有着太多美好的象征。

也许你会问，所有的花都是香的吗？其实并非如此。根据调查，真正会散发出迷人香味的花，恐怕还达不到所有花种的 1/5，也就是说，大部分的花，根本就没有香味，甚至可能还会

产生难闻的臭味。

　　那有香味的花，是如何产生香气的呢？原来，在这些香花中，有一种专门制造香味的"油细胞"，能够不断分泌出具有香气的芳香油。芳香油很容易挥发，尤其是在阳光的照射下，香味会更浓。

　　除此之外，还有两类花朵虽然没有油细胞，仍然可以散发出香味。一类是虽然没有油细胞，但它的花细胞在新陈代谢的过程中会不断产生芳香油，让花儿充满香气；另外一类是一些花朵的细胞里，含有一种叫做"配糖体"的物质，虽然这种物质本身并没有香味，但它受到酵素分解后，也能散发出香气。

花生的果实为什么长在土里

　　我们通常看到的植物，都在开花受精后，从枝条上长出果实来，可是花生结果的情形很特殊，我们只能看见花生一簇簇金黄色的小花，却看不到它结的果实，因为它的果实全都结在地面下。

　　花生不但能在枝上开花受精，还可以在地底下闭花受精，而受精后的子房，一定要在黑暗的环境里才会膨大结实。花生子房不仅要在黑暗的环境中结实，不同的有色光线，也会影响子房柄的增长速度，以及结实的性能。譬如红色和黄色的光，对花生结实的影响，就比青色和紫色的光来得大。

花生为了适应环境条件的生理要求，花儿在受精 4 天～5 天后，花托上面就会出现紫色的子房柄，子房就在子房柄的顶端，以后再经过 5 天～6 天，子房柄逐渐伸长，并接触到地面，然后深入土中，在黑暗的环境里，子房开始发育膨大，46 天左右，好吃的花生果就成熟了。

植物有感情吗

我们知道，动物大多都是有感情的，并且可以通过它们的眼神看出来。可是你知道植物也有感情吗？美国著名的情报专家巴克斯特给出了答案：植物是有感情的。

1966年2月的一天，巴克斯特为了测试水从根部到叶子的上升速度，把测谎仪的电极绑在一株天南星科植物的叶片上。结果他惊奇地发现：测谎仪显示出来的曲线图与人在激动时测到的曲线图形很相似。于是，他大胆设想：植物可能有感情。

他为此做了大量的实验，实验结果证实了他的设想：植物在受到外界不同的刺激时，会表现出不同的情绪：或恐惧，或欢悦，或悲伤。而且，通过实验发现，植物还能体察人和动物的各种感情，也就是说，植物能够与其他生物进行交流。

巴克斯特的这一发现引起了植物学界的巨大震动。大量实验进一步得出结论：植物不仅有感情，而且其"精神生活"非常丰富。

梅子为什么是酸的

梅子是酸的，有人看到别人吃梅子，甚至只听到"梅子"两个字，口水就会不由自主地流出来。中国有句成语叫"望梅止渴"，大概就是指这种情形吧。

梅子的内部含有许多有机酸，如酒石酸、单宁酸、苹果酸等。没有成熟的小青梅中，还含有苦味酸、霉酸，所以吃起来就会觉得酸中带苦。梅子渐渐成熟后，有些酸被慢慢分解，也有一些会转变为糖，不过，即使是完全成熟的梅子，所含的酸仍然比别的水果多，而糖分总是比较少。

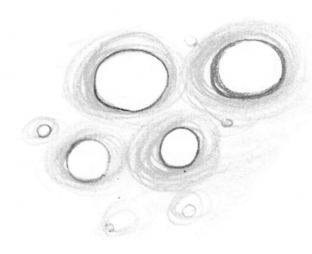

梅子是中国的特产，不但可以生吃，还能浸泡在糖、盐里，制成各种口味的蜜饯，如陈皮梅、话梅、茶梅等，或是各种梅子酱或酸梅汤，都是非常好吃的食品。

　　另外，有人把半黄的梅子烟熏后制成乌梅。乌梅不仅可当零食吃，还是一种很好的中药材，对治疗痢疾、驱赶蛔虫、治咳嗽，都有一定的功效。

高山上的植物为什么小巧可爱

　　高山上的树木花朵，真的比平地上的植物好看吗？确实如此，这主要和高山上的日光照射有关。

　　海拔高的山上，空气较为稀薄，也比较澄澈透明，阳光中的紫外线会比平地上多很多，而紫外线有抑制植物生长速度的作用，让植物生长变得较为迟缓。到了夜晚，紫外线虽然消失了，但这时候因为高山气温会变得很低，所以植物仍不能很快成长。

　　因此，我们在平地上所看到的树木，一旦到了高山上，就变得较

为小巧低矮、秀丽可爱了。譬如有些高山上的松树，长得低矮而弯斜，好像在鞠躬，欢迎人们来到山上似的，很让人喜欢，还称它为"迎宾松"。

另外，高山上日照格外强烈，被植物反射出来的色光会大量增多，这使得许多高山花朵的色彩更加鲜艳亮丽。

水仙花是怎样存活的

　　水仙花有一颗肥大的球根，这个球根又叫做鳞茎。如果把鳞茎放在浅浅的清水中，它就能生根发芽。

　　水仙的鳞茎里储藏着大量的养料，因此，我们只需提供一些清水给它，它便能健康迅速地成长起来，并且还会开花。可是当它开完花，把早先储存的养分用光后，整株鳞茎就会跟着萎缩起来了。

　　其实，看上去毫不起眼的水仙球根，却需要好几年的时间来培养。培养一株水仙，一般的方法是用分球繁殖，或者种子繁殖来进行。分球繁殖是将大鳞茎周围的小鳞茎剥下，在九十月间栽植在土壤中，需

两三年来完成；种子繁殖则是将其种子，在秋季播于土中，培养成苗，一般需要四五年才能完成。

　　不论哪种繁殖，水仙花最初都只长叶不开花。由种子繁殖的，等叶子枯黄，根部形成小鳞茎时即可挖出；由分球繁殖的，等小鳞茎变稍大后即可挖出。挖出的鳞茎置于阴凉处，等秋天再种入土中，如此反复多年，鳞茎里充满了养分，才可以使水仙花开放出美丽的花朵。

夜来香为什么在晚上散发香味

夜来香为何总是躲着太阳，在晚上才悄悄开放、散出清香呢？

在大自然中，有很多影响植物习性的因素，如夜来香选择在夜间开放的因素，就跟它要传递花粉，进行繁衍有密切关系。

很多植物和夜来香一样，要靠昆虫来帮忙散播花粉，因此，在它们的进化过程中，为了适应这个问题，就必须做些改变，来配合昆虫的活动习性。

　　各种植物都有着各自的方法，来引诱昆虫帮助自己传粉，譬如有些植物会让自己的花朵变得更鲜艳，有些植物是让花的香味变得更浓郁，以此来引诱昆虫上门，采拾花蜜花粉。另外，它们也会调整花儿开放的时间，以便配合昆虫的活动。

　　正因为如此，一些需要依靠在白天活动的昆虫来传授花粉的花朵，就会选择在白天盛开；需要依赖夜间活动的昆虫传授花粉的植物如夜来香，就会选择在夜间开放。

　　不过，大部分的花朵还是会在白天开放，因为白天温度较高，花朵所含的芳香油较易挥发，更容易吸引昆虫。

胡萝卜为什么是红色的

　　胡萝卜和白萝卜有着怎样的关系呢？胡萝卜的颜色为什么是红的呢？让我们一起来看看吧。

　　红颜色的胡萝卜不仅好看，而且含有丰富的营养成分。大家都知道吃胡萝卜可以预防夜盲症，让你在黑暗的环境里，不会像盲人那样，什么都看不见。

胡萝卜之所以是红色的，是因为它含有红色的胡萝卜素。胡萝卜素是一种常见的有机色素，很多水果和花朵里面都含有这种有机色素，如杏子、玫瑰等。除此之外，在一些动物的乳汁和脂肪里，也含有胡萝卜素，只不过在胡萝卜中，这种色素的含量最多，所以才用"胡萝卜素"来命名。

刚提炼出的胡萝卜素，是红色、漂亮的结晶体，还有强烈的紫罗兰般的香气，色味都很诱人。后来，人们在动物的肝脏内也发现了它，其分子可以分裂成两个维生素A的分子，是人体所需的维生素之一。

胡萝卜吃多了会导致皮肤的色素产生变化，变成橙黄色。大量的酒精与胡萝卜素同时进入人体，会在肝脏中产生一种毒素，因此胡萝卜与酒不能同食。

如果没有土壤，蔬菜还能长大吗

俗话说：万物土中生，意思是说，世界上的一切，都是依靠土才能够生长的。我们每天不能缺少的食物和衣着等等，大都来自植物，这些东西要么是直接从土壤里生长出来的，要么是对植物后天提炼加工而成的。假如我们不把植物种在土壤里，而是用含有各种营养物质的水溶液来种蔬菜，行不行呢？

19 世纪时，科学家曾使用水溶液，种出一株 7.5 米高的西红柿，收果实 14 千克，首创了无土栽培蔬菜的先例。但是，无土栽培蔬菜真

正用于大量生产，是在 1943 年，那时美国军队预备进攻日本本土，大军聚集硫球群岛，蔬菜供应缺乏，于是就采用水耕的方法，大量种植蔬菜，获得了丰收。

经过科学家的不断实验和研究，现在人们不仅能用营养溶液种出各种蔬菜，而且比在土壤里面种出的蔬菜产量更高、品质更好，还节约水分和养分，而且清洁卫生、省力省工、易于管理，还不受地区限制，能够充分利用空间，有利于实现农业现代化。

为什么昙花只能 "一现"

人们经常用 "昙花一现" 来比喻世间短暂的事物。昙花多在夜间开放，且开花的时间非常短暂，很快就会枯萎凋谢，所以人们想要看到它开花，似乎真的很不容易。

昙花原产于南非、墨西哥等地区，是仙人掌科植物，属于热带沙漠里的旱生性植物。昙花为了能够在干旱、炎热的环境中生存下去，只好不断地改变身体的结构和生活的习性。就这样，经过长时间的进化演变，它不仅具有开花后很快凋谢的特性，而且都是在傍晚以后才开花，为的是躲避沙漠里白天

的高温和太阳的炙晒。

　　不过，在植物界中，还有开花时间比昙花更短的，像水稻的花从开花到受精，前后只需1.5小时～2小时，要远远少于昙花的4小时～5小时。但也正因为昙花开放时间短暂，我们才得以欣赏到它怒放的整个过程。

　　美丽的昙花开放时，花瓣及花蕊似乎都在微微地颤动，花朵的外围多呈淡红与淡紫色，中间洁白如雪，盛开后比一只饭碗的口径还大，看上去非常漂亮。

花朵可以自己决定何时开放吗

不同种类的植物，开花的时间也有很大差异，有的在早晨，有的在中午，有的在傍晚。怎么会出现这种情况呢？难道它们可以自己决定何时开放吗？

简单地说，花朵的确会自己寻找适宜的开放时机。不仅不同种类的花开放时间不同，而且同一种类的花，由于天气不同、地域不同，开花的时间也有所不同。譬如说，植物在晴天时，通常较准时开花，阴天则相反；而在南方，花会开得早一些，在北方则晚些。

　　原因是植物长期受自然条件的支配，必须适应环境的变化，于是便产生了这些选择性的结果。像白天和夜晚的光照、温度、湿度和气压等都不相同，植物为了防止被晒伤、冻伤或被风雨摧残等伤害，就会通过不断改变自己，来适应环境。比如，牵牛花的花冠娇嫩，所以选择空气湿润、光线柔和的清晨开放，到了下午日光强烈之时，它便闭合起来。

　　花朵对温度和水分相当敏感。蒲公英的小花，在太阳刚升起时就开放，等太阳一下山，马上就会闭合起来。

　　影响花朵开放时机的另一个因素，是传播花粉的媒介。像利用风当媒介散播花粉的花种，多数都不分昼夜地开放着。但是，如果是利用昆虫做媒介来散布花粉的花，开花时间则会根据昆虫活动时间的不同，而产生变化。

冬虫夏草究竟是虫还是草

很多人称冬虫夏草叫"虫草"，它究竟是虫还是草？光是看它的名字，就已经被搞糊涂了。

原来，冬虫夏草既是虫又是"草"，实际上它是一种真菌类，因寄生在一种昆虫上而得名。这种虫是鳞翅目蝙蝠蛾科中一种叫"虫草蝙蝠蛾"的幼虫。而这种真菌，则和青霉菌类似，同属于真菌的子囊菌纲。

当这种菌类的子囊孢子成熟散落后，遇到栖息在土中的虫草蝙蝠蛾的幼虫，就会钻到虫的体内，萌发为菌丝体，吸收虫体的养分。

从冬天到夏天这段时间，幼虫内部全被菌丝吃光，只剩幼虫的皮，

里面包裹着密密实实，并充满养料的菌丝体，也就是"菌核"。到了夏天，菌核还从幼虫头顶长出"草"，就是"菌座"，它露于土外，细长如棒，中间肥、两头尖，表面还有些小球体，里面全是孢子。

由此可知，冬虫夏草是一种在冬天吃了虫，到夏天来结果的菌类。

灵芝真的可以让人起死回生吗

　　很多人认为灵芝是一种神奇的药材，光听名字就可以感觉到它是有灵性的东西。我们经常在神话传说中，看到有人用千年灵芝来治百病，甚至还可以达到长生不老、起死回生的神奇效果。灵芝究竟是什么东西？它的功效真的有这么强吗？

　　据古书记载，中国人约在两千多年前，就发现了灵芝。然而直到现在，经科学研究才知道，其实当初人们所发现的各种灵芝，都属于真菌的担子菌纲，分类学上就叫"灵芝"。它们跟蘑菇一样，本体是菌丝，用孢子繁殖，但因为没有叶绿素，不能自己制造养分，所以只好寄生在腐朽的有机物体上，靠吸取现成的营

养过日。

　　灵芝含有一些营养物质，也有一些药用成分，通常可用来缓解神经衰弱、失眠、消化不良等症状。

　　灵芝的形状很特别，在特殊环境下，有些灵芝还会分支，并具美丽色彩。它含有大量的角质，因此质地坚硬，久放不坏，所以常被人们拿来观赏。不过，它可绝不是什么神奇的灵药，而且很多地方都能采得到。

人参为什么可以滋养身体

你见过真正的人参吗？虽然大家都知道它是种名贵的药材，也是滋补养身的好东西，但你对它的了解有多少呢？

几千年来，中国人都把人参看做最珍贵的药材，用它来养身治病的人不计其数。原因就在于人参确实有补益强壮的作用。野生人参的采挖非常困难，所以它就显得格外珍贵。

近百年来，科学家不断对人参进行探索研究，发现服用适当剂量的人参，可以加强人体高级神经系统的兴奋、抑制过程；并能增强心脏的舒缩作用；刺激造血器官，增加红细胞、增强白细胞；还能增进食欲、促进代谢和生长发育、提高免疫力、消除疲劳，可以说，人参对人体的功效是非常全面的。

人参的内在成分是比较复杂的，它含有多种配糖体，很多人认为这种配糖体是人参的主要有效成分。此外，人参还含有大量的碳水化合物、脂肪、挥发油及多种维生素、矿物质等。所以，人们把人参当成珍宝，是十分有道理的。

山里人采集人参是一门学问，工具和采集方法都极为讲究。不能用任何金属性质的工具，挖掘时要像出土文物一样小心翼翼。

71

藕断丝连是怎么回事

有句话说"藕断丝连"，姑且不论它所代表的涵义，只从字面上来看，就能明白这句话的意思，就知道折断的莲藕，一定会在断面间出现许多相连的细丝。

事实上，不只是莲藕，就连荷梗里面，也有很多细丝。究竟这些细丝是怎么产生的呢？又为什么能够连在一起呢？

每种植物都会有运输养料的组织，这些组织是由许多空心的细管组成，不过，每种植物的组成、组合方式都不太一样，构成这些细管的细胞，有的是平面垂直排列，有的是像圆圈一样一圈圈地环绕着，而莲藕却是呈螺旋状排列，称为环状管壁。如果我们把它放大，那么这种结构的形状就和拉力器的弹簧一样。

莲藕折断时，它那许多呈螺旋状的细管并没有断，只是像弹簧那样被拉长了，成为许多丝状物质。不过，要拉断这些丝，可要费不少力气呢。

如果用刀切断莲藕或荷梗，我们就能在切口上看到这种细丝，因为细胞间的连锁被破坏了，就跟弹簧被绞断了一样。

莲，又称荷，地下根茎称作藕，可以食用，叶子可做中药，花可以观赏。莲一般能长到150厘米，叶子最大直径可达60厘米，最惹人注目的莲花直径可达20厘米。

椰子树为什么生长在沿海和岛屿周围

我们在热带岛屿度假时，喝上一杯清凉的椰子汁，真是再好不过了。放眼美丽的海岸线，高挺的椰子树配着青翠的大绿叶，夹带着一颗颗饱满的果实，在碧水蓝天的映衬下，构成一幅美妙的景致。

椰子是利用水来传播种子，繁衍后代的，它的果实是一种核果，外皮是粗松的木质，中间由坚实的纤维组成，果实一旦成熟后，便脱离树身，掉进水里并随水漂浮。而后，果实也许被海浪冲到岸边，也可能漂到浅滩上，只要遇上适合的生长环境，果实里的种子便生根发芽了，所以我们才经常在沿海或岛屿周围看见椰子树。

　　只要有充足的水分，椰子树就能生存，如果土壤中含有盐分，它就更高兴了。所以，如果把椰子树栽植到离海较远的地方，就得再埋些粗盐在树根上，好让它加速生长。

　　另外，还有人认为海风能增加大气湿度，而和暖的季风能提高椰林温度，这些都有助于椰子树生长。

椰子树为什么没有多余的树枝

随着椰子树茎不断向上生长，新叶长出，旧叶脱去，日复一日，年复一年，叶子就丛生在高高的茎干顶端了。成年的椰子树在茎干顶端有25张～30张叶子，茎干上留下的一道道看起来好像是节间的横纹，其实是老叶子脱落后留下的环状叶痕，这些环状叶痕为人们采摘椰子提供了可攀爬的"阶梯"。

要想知道椰子树为什么没有分枝，就得先知道树木为什么会有分枝。其实，一般树木的树皮和木质部分之间有一层分裂能力很强的细胞，叫作形成层。它通过分裂活动，向外不断形成新的韧皮部细胞，向内形成新的细胞，这样，植物的茎就不断地加粗，形成粗大的木材。而椰子树没有形成层，茎干由许多纤维化的维管束所组成，因此茎干从基部到顶端的粗细基本一样。此外，

椰子树上结的果实叫做椰子。椰子汁的成分与人体液的成分十分相似，而且椰子在打开之前几乎是没有细菌的，所以在特殊情况下，椰汁可以如同葡萄糖输液一样经由静脉直接输入人体，维持生命。

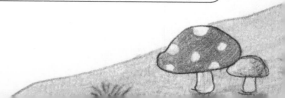

椰子树只在干梢顶端有一个生长点，生长点受到折断或损坏，就不会再有分枝了。

腐烂的木头上为什么会长香菇

大家一定很爱喝香菇汤吧，可你知道这么美味的香菇长在哪儿吗？香菇是长在腐烂的木头上的，不可思议吧！原来，香菇是一种真菌类。不过，香菇不含叶绿素，不会自己制造养料，而是直接吸取环境中现成的养分来生存。因此，在阴暗潮湿而又温暖的泥土、枯树、腐木或是草堆里等有着丰富有机物的地方，自然就是最适合香菇生长的地方了。

香菇的形状像把伞，所以它又叫"伞菌"，分为菌盖、菌柄和地下菌丝三部分。香菇的菌丝藏在地下，不易发现，会逐渐长出菌盖及菌柄部分，起初还很小，不过天气潮湿的话，它会吸饱水分，很快地变大。我们平常食用的是它的菌盖及菌柄。

　　把香菇翻过来，在菌盖的背面有一折折的东西，叫做菌折。菌折内通常藏有数十万个孢子，也就是香菇的种子。这些种子成熟后，会慢慢地随风飞散，一直飞到适合它们生长的地方，然后萌发菌丝，让菌丝钻进土里或腐木里去吸取养分，继续成长。

香蕉的种子藏在哪儿

　　香蕉香甜滑润，真是好吃极了。不过，你知道香蕉的种子是什么样子吗？它长在香蕉树的哪个部位呢？也许你已经看到过它的种子，只是不知道那就是香蕉的种子罢了。

　　平常我们所见到的水果种子都是很明显的，如苹果、西瓜、橘子等，一粒粒种子藏在果实里，一眼就能看见，而香蕉在我们的印象中，好像生下来就没有种子，但是，事实并非如此。

　　其实，所有的有花植物，都会开花结子，这是一种自

然的规律。香蕉也是一种有花植物，所以它也会按着规矩，开完花后就结子。不过，我们吃的香蕉都是经过人工长期培育、改良后的品种。这些香蕉在人工的栽培下，从原本野生的香蕉，逐渐向人们所希望改良的方向发展。就这样，时间一久，它们也改变了原先结下硬种子的习性，变成今天我们所吃的香蕉，看上去好像没有种子似的。

其实，我们平常吃香蕉时，会看到果肉里有一排褐色的小点，这些就是香蕉的种子，只是它们没有充分发育或经过了人工改良，才变成成这个样子。

铁树真的要千年才开花吗

通常人们把很少才出现的事比喻成铁树开花，甚至有人认为：千年的铁树才开花。

事实并非如此，铁树在达到十几岁的年龄后就会开花了，并且往后年年都会开花。但是，由于铁树非常怕冷，只要气候不如它的意，它不仅会长得又矮又小，甚至终生也不开一朵花。也许这就是人们认为千年的铁树才开花的原因吧。

铁树又叫做苏铁，原本生长在热带地区，常在春夏之际开花，花

开在顶上，有的开雄花，有的开雌花，并且一株铁树上只开一种花。铁树的雄花开得非常大，和一根玉米芯的个头差不多。刚开的时候是鲜亮的黄色，成熟后会逐渐变成褐色。雌花也不小，就像排球一样大，在初开花时是灰绿色，后来渐渐也会变为褐色。也许是因为铁树的花与一般的花看上去有很大不同，所以就算铁树开了花，看到的人恐怕也认不出来。

铁树不仅会开花，也会结果子，它结出的果子就好像一个红色的鸡蛋，所以被人们称作"凤凰蛋"，听说还有人把它入药呢。

树叶为什么在秋天会变黄

　　我们看到的树叶几乎都是绿的，因为它们含有一种叫叶绿素的物质。这种物质不溶于水，却可溶于酒精中，所以当你摘一片绿叶回家，放在酒里煮一煮，结果你会发现，叶子变白了，而酒却变绿了。

　　叶绿素不是单纯的化合物，它是由蓝绿色的叶绿素 A，以及黄绿色的叶绿素 B 所组成。你可以再做个实验，把蓝色的颜料加上黄色的颜料调和好后，是不是就变成了绿色呢？

　　叶绿素能帮助植物进行"光合作用"，而阳光也是光合作用必不可少的要素之一，所以我们经常可以看到，叶子会将叶绿素较多的正面朝向阳光，叶子正面的颜色会比叶子的背面深。

　　平常叶子中叶绿素的绿色会非常浓，但到了秋天，叶子中的叶黄素就会增加。这时，叶绿素慢慢被破坏，叶黄素把叶绿素完全遮盖住，叶子也就由绿色变成黄色了。

薄荷为什么清凉润喉

　　大家也许没见过薄荷，但一定吃过用它所作成的食品，这些食品一定都有一个特色，就是清清凉凉的，还带有独特的香气。

　　薄荷是一种多年生的草本植物，秋天开红、白或紫红色小花，叶子是对称生长的，呈卵形或长圆形，叶边缘有锯齿，一般都用根来繁殖。

　　薄荷清凉的原因，是在它的茎、叶里，含有一种挥发性的薄荷油，其主要成分是薄荷脑，是一种芳香清凉剂。

　　我们用蒸气蒸馏法，就可以从薄荷的茎、叶中，提炼出薄荷油，再经加工提炼后，又能得到一种无色晶体状的薄荷脑。薄荷油中含薄荷脑量愈高，表示它的质量就愈好，薄荷含脑量最高可达 90% 左右。

　　薄荷不但清凉爽口，能做成各种消暑食品，更重要的，它还是医药、化妆品等工业用原料。我们每天都用到的牙膏、香皂等，也有薄荷的成分呢，薄荷的用途真广泛。

黄连为什么那么苦

你可能没吃过黄连，但也许听别人说过，黄连吃起来非常苦。黄连为什么那么苦呢，是因为含有什么特殊成分吗？

我们可以做一个小实验。先将黄连的根放入一杯清水中，等几分钟后，就会看到从黄连的根里渗出一种黄色的物质来，慢慢地，使整杯清水变成了淡黄色。这种黄色物质就是"黄连素"，让黄连吃起来很苦的罪魁祸首就是它。另外，黄连能用来治病，也是因为含

有黄连素的关系。

黄连素是一种生物碱，各种植物会因种类不同、各地气候环境条件的差异，造成生物碱在植物体中所含的量不相同。一般含量从万分之几到百分之一，但也有含量很高的，像金鸡纳的树皮内，生物碱的含量就高达16%。

黄连的根、茎里，黄连素的含量占有7%左右。曾经有人用一份的黄连素，加上25万份的水，这样混合出来的溶液，仍然具有苦味呢。

竹子会开花吗

在我们印象中，好像没见过竹子开花，但实际上竹子是会开花的喔。通常植物都会在它生命力最旺盛的时期开花，但是竹子却刚好相反，一旦它要开花时，表示它的生命力要走下坡路了。

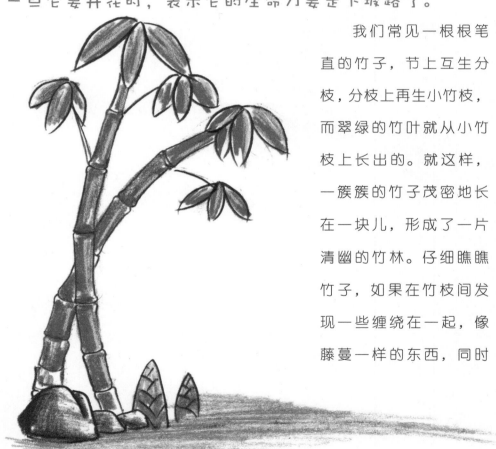

我们常见一根根笔直的竹子，节上互生分枝，分枝上再生小竹枝，而翠绿的竹叶就从小竹枝上长出的。就这样，一簇簇的竹子茂密地长在一块儿，形成了一片清幽的竹林。仔细瞧瞧竹子，如果在竹枝间发现一些缠绕在一起，像藤蔓一样的东西，同时

竹叶的颜色不再青绿，且逐渐枯萎变黄，这就表示竹子要开花了。而那些像藤一样的东西，掺杂了一些小小的细粒，就是竹花了。

竹子在生命将尽的时候开花，是为了要留下一些种子，延续后代的生命。不过，竹子虽不像松树、柏树那样千年长寿，但它是可以活上好几十年的。

向日葵为什么又叫"太阳花"

你喜欢向日葵吗？美丽的向日葵总喜欢跟着太阳转，它的花盘形状也很像一个小小的太阳，因此有人叫它"太阳花"。

向日葵能够随着太阳转动，主要是因为在茎部的位置，含有一种叫做"植物生长素"的物质。这种物质一遇到光线照射，就会自动跑到背光的那一面去躲起来，不过，它还有个非常重要的功能，就是刺激细胞生长，加速细胞分裂、繁殖。

太阳刚升起，向日葵茎部的生长素便马上躲到背光的一面去，刺激这里的细胞繁殖，以便让它生长更快，于是背光面就压过向光面，表面看上去，好像向日葵朝着太阳弯下腰来一样。随着太阳慢慢朝西方落下，向日葵也会跟着它移动。

许多其他植物的叶子，也有和向日葵一样的习性，这种老爱向着太阳转的现象，在植物学上称做植物的"向旋光性"，也叫做"正向旋光性"。然而，也有的植物叶子会背着光，则称做"负向旋光性"。

在西方，关于向日葵还有一个传说。有一位仙女叫克丽泰。她爱上了狩猎的太阳神阿波罗，但阿波罗并不喜欢她。所以她只能苦苦地望着他。过了很久，她的执着感动了众神，于是，众神把她变成了一朵追随太阳的花，也就是向日葵。因此，向日葵有一种花语，叫"沉默的爱"。

什么时候割取胶乳最合适

天刚蒙蒙亮，割胶的工人就已经开始在橡胶树林中忙碌了。他们先用锋利的刀，在树皮上快速划下一道道的切口，白色的胶乳马上就顺着切口流了下来。这些胶乳经过加工后，就成了汽车轮胎、电器绝缘体，以及其他各种塑料制品的原料了。那么，为什么割胶工人总是在清晨割胶呢？

　　割胶最适合的温度是在 19℃～25℃，在种植橡胶树的当地，一般清晨都是这个温度，而这时胶乳产量和浓度都高，所以最适合割胶。一旦气温升高，超过此范围时，水分便蒸发得很快，凝固物质活动加强，产量便会降低。而气温低于范围，胶乳流速慢，浓度偏低，又容易导致树皮生病。

　　橡胶树的树皮中，有大量能够产生胶乳的乳管，当乳管被割断，胶乳就会溢流出来，刚开始流得快，浓度大，但慢慢流速会减缓，浓度也随之下降。最后，在切口的胶乳，会因为细菌、水分蒸发，以及胶乳中凝固物质起作用，而逐渐凝结成薄纸般的干胶片，乳管切口就此封闭，停止排胶。

为什么果实熟透后会自己落下来

每到夏末秋初之时，苹果树、梨树的枝头都挂满了沉甸甸的果实，果农们充满了丰收的喜悦。不过，有些果实因成熟得早，已经迫不及待地想离开树枝，结果从高高的树枝上跌落到地面，有的只是受点皮外伤，有的却摔得面目全非。

大家都说"瓜熟蒂落"，成熟后的果实，就一定会自己掉下来吗？原来，果实在平时都是靠着果柄上的纤维束，和树枝串连在一起的。当果实成熟的时候，果柄上的细胞开始慢慢衰老，最后，因为营养不足，果柄的根部形成了所谓的"离层"，它就像一把刀子，会把果柄切断，因此一遇到风吹雨打或是微微的触碰，硕大的果实就会从枝上自动坠落下来。

为了解决"瓜熟蒂落"给果农带来的损失，现在人们都会喷洒一种植物生长刺激剂，让它加强果柄的新陈代谢和各种养分，这样，果柄细胞就不会在果实成熟后衰老，瓜熟而蒂不落了。

物理学的新开端可以说是从一个苹果开始的。这颗神奇的果子自然成熟，从树上掉落下来，正好击中了物理学家艾萨克·牛顿。牛顿由此引发思考，发现了万有引力定律，奠定了经典力学的基础。

为什么藤类植物爱爬树

你见过牵牛花吗？外形酷似喇叭的牵牛花，可是爬藤的能手喔，不过，像它一样会爬藤的植物还有很多，譬如南瓜、丝瓜、黄瓜、爬墙虎、葡萄等，这一类的植物，我们统称为攀援植物。

我们经常会看到许多攀爬在其他物体上的植物，有的是顺着墙壁攀爬，有的是缠绕在其他植物上攀爬。为什么攀援植物能借着旋转的运动来攀爬呢？原来，这和植物体内的生长素有关，这种生长素有时会加速细胞生长，有时却会阻止细胞生长。所以，植物借着体内生长素分布的多少，就能使茎的生长

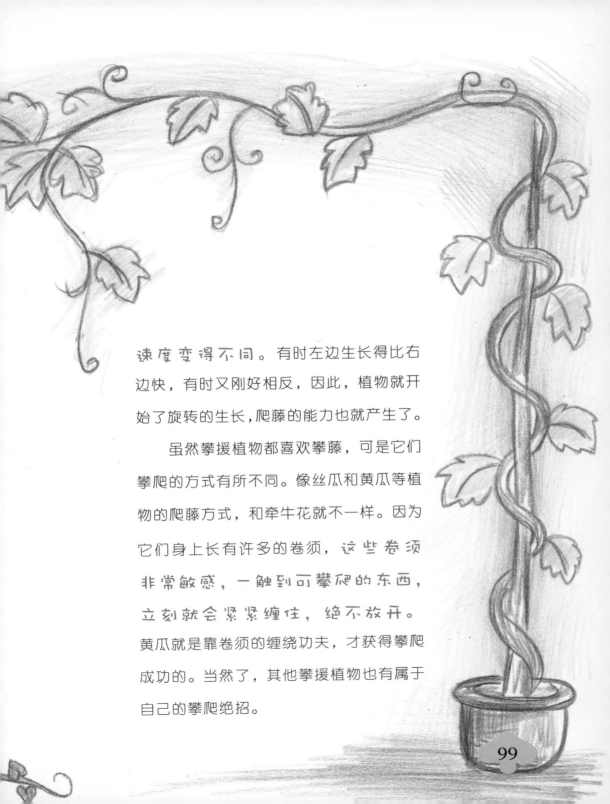

速度变得不同。有时左边生长得比右边快，有时又刚好相反，因此，植物就开始了旋转的生长，爬藤的能力也就产生了。

虽然攀援植物都喜欢攀藤，可是它们攀爬的方式有所不同。像丝瓜和黄瓜等植物的爬藤方式，和牵牛花就不一样。因为它们身上长有许多的卷须，这些卷须非常敏感，一触到可攀爬的东西，立刻就会紧紧缠住，绝不放开。黄瓜就是靠卷须的缠绕功夫，才获得攀爬成功的。当然了，其他攀援植物也有属于自己的攀爬绝招。

为什么食物会有不同的味道

你喜欢吃什么水果呀？是香甜的哈密瓜、草莓，还是微酸的橙子或菠萝呢？

我们所吃的食物，因为含有不同的化学物质，所以会有不同的味道。有甜味的食物，多是因为含有糖，包括葡萄糖、麦芽糖、果糖、蔗糖等。不过，有些东西本身不甜，但到嘴里后就会变甜，譬如含淀粉类食物，因唾液中酵素的分解，就变成有甜味的麦芽糖和葡萄糖了。

含酸味的食物，多因为植物的体内含有各种有机酸，包括醋酸、苹果酸、柠檬酸、琥珀酸、酒石酸等。

有苦味的食物，尤其是许多中药材，常因为其中含有生

物碱而产生苦味，譬如黄连，含有很多的黄连碱，味道就非常苦。

　　至于辣味，原因就比较复杂了。辣椒中的辣椒素、烟草中的烟碱、生萝卜中的芥子油，都会产生辣味。涩味大多与鞣酸有关，譬如生柿子、茶叶、橄榄等，都含有鞣酸，所以吃起来会有涩味。

一千年前的种子还会发芽吗

曾经有几位植物学家，在某地区的地下泥炭层里，发现几颗又小又硬的圆形东西，看起来有点像莲子，于是带回去研究。

他们将这东西的硬壳弄破，泡在水中，几天后便长出了幼苗，再悉心照料一段时间后，这株幼苗竟开出淡红色美丽的荷花来。

三十多年前，也曾经有科学家，在同样的地方发现古莲子，当时，

他们估计这些莲子的寿命至少在 250 年以上。不过，现在的科学家用先进的仪器探测，确定这种古莲子已埋在地下将近一千年了。

种子的寿命确实很长，当它离开"母体"后，就具备了独立生存的能力，它有自己储藏营养的仓库，而且耐寒耐热。如果遇到缺水的情况或被硬壳紧密包裹时，它的呼吸就会变缓，减少营养的消耗，甚至长期休眠都没问题。

一旦遇到充足的水分、适当的温度和空气时，它马上就会醒过来，呼吸加强，细胞开始分裂繁殖，胚也发育成幼苗，于是，新的生命开始了。

种子煮熟后为什么不会发芽了

　　我们都知道，煮熟后的种子是不会再发芽的，但是，你知道这是什么原因吗？

　　首先，我们来了解一下种子的结构。种子可分成三个主要部分，就是包在外面的种皮、储藏养分的胚乳，以及发芽

若我把种子煮熟，种在地里，明年可以收获熟的果实吗？

用的胚。

　　然后，我们看一下种子发芽的过程。许多种子在成熟后，要经过一个休眠阶段，这时的种子是完全停止生长的。当春天来临，种子遇到充足的水分、适宜的温度和足够的空气时，会慢慢苏醒过来。当种子从休眠的状态醒来后，会先吸收水分，使种皮变软，让整个种子膨胀；然后再将储藏的养分，经过酵素的作用，供给胚吸收，于是胚开始强烈呼吸；最后，胚根和芽穿破种皮，种子就发芽了。

　　照这样来看，种子要想发芽，就必须让胚进行呼吸作用，并且让酵素也产生活动。但是，被煮熟的种子经过高温加热，蛋白质已经全部凝固，胚也死了，不能进行呼吸作用，不能吸收养分和水，而酵素的活动也被高温给破坏，种子失去了生命力，当然就不可能发芽了。

为什么有的植物结完果实会枯萎

　　有些枝叶繁茂的树木，一旦开花结果后，叶子会慢慢地枯萎。这虽然是一种常见的现象，但你知道是什么原因吗？

　　其实，有些植物在开花结果后，不仅叶子掉落满地，就连整株植物都会死亡。像这一类的植物，因为它们发芽、生长、开花、结果都在一年内完成，所以称为一年生植物。

　　有些植物属于两年生植物，它们在第一年时并不开花，等到第二年才开始开花结果，后来又会慢慢死亡。譬如胡萝卜、甜菜等就属这类植物。

　　除此之外，还有一小部分植物是长年不开一次花，如果某天突然开花结果后，就会枯萎死亡。竹子就是这种植物，称为多年生一次开花植物。

　　这几类植物都有一个共同的特点，就是一辈子只开一次花，在结完果实后，好像完成了生命的重任，于是便卸下包袱，迎接死亡。

植物啃得动石头吗

植物会啃石头吗？有些植物的确能做到这一点。这让人听起来觉得不可思议，不过的确是事实。植物为了得到某些生长所需的养料，在没有其他外界来源和无法自给的情况下，如果能从坚硬的石头中获取，那么，它也会使出强硬手段，"啃咬"石头，来达到目的。

曾经有人做了个有趣的实验，他先在花盆底部放入一块大理石板，然后找来一些毫无养分的沙子装进去，再施入除了钙质以外植物所需的一些肥料，最后将植物栽种上去。

过了两三个月之后，当植物发育得不错时，他把盆子底部的大理石板挖出，这时，可以清楚地看到被植物根部侵蚀的痕迹。这是因为植物要吸取钙质，而大理石板是唯一的来源，所以它只好伸出它的根，狠狠地"啃咬"大理石了。

植物能啃石头，原因是它的细胞液一般都是酸性的。同时，根在呼吸时，也会分泌出碳酸，而这些酸正好能溶解某些岩石，这就是植物能够"啃"石头的秘密所在了。

如何分辨植物的雌雄

我们大概都听说过雌花、雄花吧，但是，你知道如何分辨植物的雌雄吗？事实上，我们若要分辨植物的性别，可比分辨动物性别要复杂得多。因为，植物除有雌雄同花、雌雄异花和混生（既有单性花，又有两性花）之外，还有雌雄异株，像桑树、油瓜、菠菜等。

要分辨雌花、雄花还不是太难，但要区分幼小植物的性别，可就不那么容易了。不过也有一些方法，如用蒸馏水将甲烯蓝配制成0.04%

雄性

的溶液，再把植物幼株茎或枝的顶端折下，放进蓝色的溶液里，如果溶液由蓝色变成无色，就代表这株植物是雌性的。溶液若仍是蓝色，或由无色变回蓝色，那这株植物就是雄性的。

上面的原理是根据雄性植物呼吸强度高，酸性及氧化能力都比较强，因此能把无色的甲烯蓝溶液，氧化成蓝色的溶液。而雌性植物呼吸强度低，酸性弱，还原能力强，所以能把蓝色甲烯蓝溶液，还原成无色的。这种氧化、还原能力的不同，是植物雌雄性器官代谢时的重要差异，也是我们用来鉴定植物性别的根据。

小朋友们记住了吗？如果感兴趣的话，就亲自动手做一下这个实验吧！

为什么虫蛀的水果熟得快

树枝上将要成熟的水果，水分会变得越来越多，也是我们都喜欢吃的。可是，如果我们略加注意，便不难发现，有些水果成熟快，有些水果成熟慢。即便是同一品种的水果，甚至同一株果树上的果实，成熟也有快慢之分，这是什么原因呢？

其实，果实在成熟的过程中所产生的变化，大多都与氧化作用有关。如果氧化作用慢，果实成熟得就比较慢；相反的，氧化作用快，果实成熟得也快。但要进行氧化作用，就必须要有氧气，而果皮上的蜡质，会阻挡氧气的进入，影响氧化作用的进行，使果实成熟得慢。正因如此，当果实遭到虫害时，果皮被害虫破坏了，于是氧气便透了进去，促使氧化作用变快，果实也熟得比较快了。

为什么甘蔗的头部比根部甜

人们常用"倒吃甘蔗"来比喻渐入佳境，因为甘蔗愈接近根部的地方，吃起来就愈甜，这是什么原因呢？

甘蔗在幼苗期，主要靠根吸收水和养分，再输送给叶子；叶子吸收碳酸气和根部输送的养料，在阳光下制造自身所需的养分。甘蔗在成长过程中，需要剥几次叶子，以加快甘蔗的生长速度，并使秆身尽可能多地接受阳光的照射，因为秆身是制造糖分的主要部分。

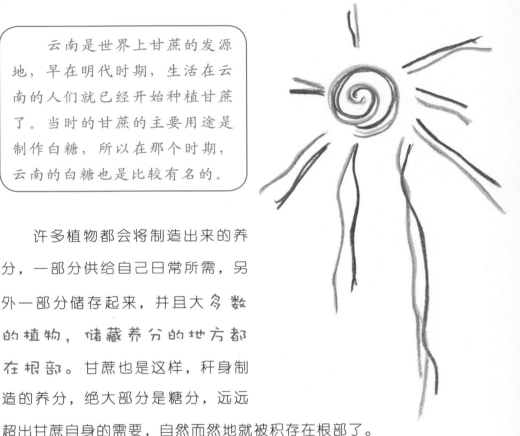

云南是世界上甘蔗的发源地，早在明代时期，生活在云南的人们就已经开始种植甘蔗了。当时的甘蔗的主要用途是制作白糖，所以在那个时期，云南的白糖也是比较有名的。

许多植物都会将制造出来的养分，一部分供给自己日常所需，另外一部分储存起来，并且大多数的植物，储藏养分的地方都在根部。甘蔗也是这样，秆身制造的养分，绝大部分是糖分，远远超出甘蔗自身的需要，自然而然地就被积存在根部了。

此外，甘蔗的叶子蒸发需要水分，秆身上端叶子比较多，水分也多，糖分自然也被稀释了；而愈接近根部，叶子越少，水分自然也较少，糖分也更浓了。所以甘蔗越接近根部越甜。

森林里的树木水分蒸发得慢吗

茂密的森林是一些野外探险家非常青睐的地方，不过，如果你有机会到树林里走走，会发现那里的空气格外清新，空气中似乎飘荡着触手可及的新鲜水汽，让人精神大振、舒畅清爽。有时在清晨，你还会看见鲜嫩的绿叶上滚动着几滴晶莹透亮的露珠，脚下的土壤似乎也喝足了水，没有一丝干燥的迹象。

但是，如果你走到一棵单独生长在路边的大树旁，恐怕就不会有这些感觉了。原因就在于森林里绿色植物多，饱含充足的水汽，也会释放出新鲜的氧气，所以置身其中，自然神清气爽。

在森林中,空气很少流动,树木蒸发出的大量水分会积存在空气里。当空气中的含水量达到饱和，而空气却很少流动的状态下，树木中的水分就很难再蒸发出来了。

相反的，一棵单独生长在户外的树，周围的空气是流动的，当它蒸发出水汽时，很快就会被风带走。这就跟把衣服挤在一起晾晒不容易干，但一件件分开晾晒就会干得快是一样的道理。

植物需要休息吗

如果你略微具备一些植物学知识，并能细心观察的话，便不难发现，很多植物并非不眠不休的怪物，相反，它们需要休息。譬如在夏天的傍晚，花生的叶子会慢慢地向上闭合；三叶草也会闭合叶子，并垂下头来，这表示它们要睡觉了。

不过，不同植物的睡眠时间也是不一样的，它们不一定都在晚上进行。譬如晚香玉是在白天闭合花朵，开始睡觉，只在晚上开放花朵，好让夜间活动的蛾类来帮它传授花粉。

　　植物这种自动闭合的睡眠，会受环境的光线明暗、温度高低、空气干湿所影响。有些植物在夜间闭合，是为了减少水分蒸发和热量的散失；而选择白天闭合的植物，则是为了减少和阳光的接触面，降低水分的蒸发，还可防止害虫的侵扰。

　　因此可以说，各种植物选择适合自己的方式来进行睡眠，也是一种自我保护的习性。

其他颜色的植物也含有叶绿素吗

　　植物有个"绿色工厂"，专门制造各类有机物质，进行光合作用，所以一定会有叶绿素存在。但是，有些植物并不是绿色的，譬如红萝卜、红苋菜、稻子等，它们的叶子都是红色或紫红色的，那么，它们也能进行光合作用吗？

　　事实上，虽然它们的叶子是红色的，但仍然含有叶绿素，至于这些叶子会呈现红色出来，主要是因其含有红色花青素的缘故，并且含量还很多，颜色很浓，就把叶绿素的绿色给盖住了。

　　花青素会溶于水，而叶绿素不溶于水，所以当我们把红

叶子放进热水里煮一下，就会发现红色的叶子会变成绿色的了。

其实，还有许多海底的植物，像海带、紫菜等，也常是红色或褐色的，而它们一样也有叶绿素，只是被褐色素给遮住罢了。

所以，除了绿色的植物能进行光合作用，红色、紫红色或褐色的植物也能进行光合作用。

植物会呼吸吗

　　人类一刻也不能停止呼吸，动物也一样。人类和大多数动物都是用嘴巴和鼻子进行呼吸的，也有少数动物用身体的其他器官进行呼吸。那么植物会呼吸吗？

　　要证明植物会不会呼吸，可以来做个实验。先把一些植物放进一个空瓶里，再盖上盖子，然后放在阴暗的角落。到第二天，拿出那个瓶子，往里面倒一点澄清的石灰水，你会发现石灰水会变得和豆浆一样又白又浊了。

　　这个实验充分说明植物与我们一样在不停地呼吸，并且吐出大量的二氧化碳，所以过了一天后，瓶子里面都是二氧化碳，当我们再倒进化学成分是氢氧化钙的石灰水时，它们就会化合成白色的沉淀物——碳酸钙，使原本澄清的石灰水变得非常混浊。

　　不过，植物是没有鼻孔的，它是用自己的整个身体、整个表皮来进行呼吸的。气体会经由植物身体上的一些小孔和薄膜，进进出出，氧气由这里进入，二氧化碳也是由这里呼出。但是，植物虽然随时都在呼吸，但白天有阳光照射时，光合作用就会比呼吸作用来得强烈。

西瓜汁液多有什么好处

夏天来临时，小朋友最喜欢吃什么水果呢？一定有很多人爱吃甘甜又多汁，清凉又消暑的西瓜吧。可是，你知道吗，西瓜汁液多有什么好处呢？

植物为了繁殖后代，需要依靠风来传播种子，就会在果实上长毛或翅膀，比如蒲公英；而要依靠水来播种的，则种子就具有防水设备，比如椰子。另外，要靠动物传播的，就会在果实上长刺，使果实易黏于动物身上，让动物带走。另外还有一种方式，就是让果实好吃，引鸟兽进食，然后通过

鸟兽的粪便把种子传到四处，从而达到繁殖后代的目的。

西瓜生长在气候干燥炎热的地方，它就是用果实多汁好吃的方法，来吸引口渴的鸟兽来进食，被鸟兽吃下肚的西瓜籽并不会消化，一旦鸟兽排便，它们就会趁机跑出来，落地发芽。

当然，最早的西瓜并不像现在这么大而多汁，它是后来经过人工挑选出优良品种后，再悉心培育繁殖的结果。

植物会"肥"死吗

人类有"肥胖症"之说，植物也有这种症状吗？植物会"肥"死吗？

植物的根须会不断分枝、伸展，努力寻找营养，靠着毛细管作用，将植物需要的水分和养分向上传输，以供植物生长。

小朋友也可以自己动手做个小实验。将口径较小的吸管分别放入水平面等高的玻璃杯中，一杯装糖水，一杯装自来水，观察哪个玻璃杯中吸管内的液体上升得高。

相信大家会发现糖水爬得比较吃力，升高的水位较低。这是因为有物质在水中溶解，使得水的密度变大，必须施以更大的压力，才能让毛细管作用和在纯水中一样明显。

同样的道理，如果土壤中含了过量的肥料，植物反而要很费力才能吸取到足够的水分和养分；情况严重时，植物有可能还会渐渐枯萎，慢慢死去，也就是"肥"死了。

高等植物的成长需要有各种营养元素的支持，任何一种元素的缺失都会导致植株出现啊各种各样的问题。例如，缺氮会使植物发育不良，出现植株细小，作物早熟、低产等情况。

发光的烟草——基因重组的生物

曾经有位科学家突发奇想，把萤火虫的发光基因取出，将它与烟草的基因进行重组，结果带有发光基因的烟草就在夜晚发出了点点荧光。

大家都知道，动物、植物、微生物等完全不同形态的生物，是不可能交配生育出后代的。但是随着时代的发展，生物科学的探索和研究得到突飞猛进的发展，到如今，各种生物间的生殖界限已经不存在了。这虽然是一个较大的突破，可是许多人对这项科学成就

十分担忧。毕竟现今所有的生物是经过了几十亿年的自然演化、淘汰才形成的，彼此的食物链关系错综复杂，生态系统也保持着微妙的平衡。

　　基因重组的生物会不会对现有的野生动植物资源产生影响呢？它会不会像颗无声的原子弹，引发一系列可怕的生态灾难？目前，这些问题还在激烈争论中，可谓众说纷纭。但无论如何，我们都要对这项新技术进行必要的研究，使其更加成熟。

发菜是藻类吗

发菜细黑如发丝，味道和海带相近，人们常常误以为它是海中的藻类植物。可事实上，发菜并不属于藻类。发菜又名"发草"，多生长于干旱地区，属于寄生的菌类，喜欢寄生于荒漠草原的针茅草上，在荒原上担负起了含水固土的重大责任。

据科学家分析，发菜不含任何维生素，也无任何特殊营养成分。

发菜细如发丝，味道似海带，并不是藻类。

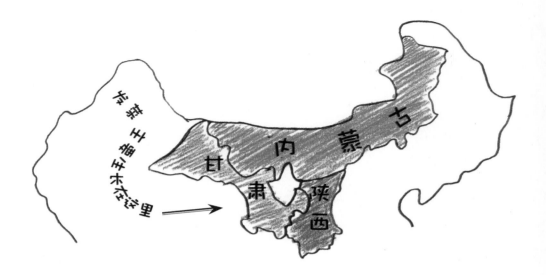

发菜的主要产地在我国的内蒙古、宁夏、陕西等地。原本当地的游牧居民是不采掘发菜的，只因有人迷信吃了发菜就会发财，发菜才变得奇货可居，十分昂贵。

发菜很难采到，大约16个足球场大的草原面积仅能收获100克发菜。耙掘时，宿主针茅草往往被一并连根拔起，很容易造成土地荒芜，草原失去了生机。

根据科学家分析，发菜不含任何维生素，也没有什么特殊营养成分；人们愿意花大钱吃这种东西，也许就是因为它不太容易得到。

有黑色的花朵吗

　　在我们的印象中，花朵要么洁白无瑕，要么鲜艳夺目。可是，你看到过黑色的花朵吗？

　　自然界中，七色光的波长是不一样的，频率和所含热量也有所不同。红色、橙色、黄色的花能够反射含热量多的红色波、橙色波、黄色波，吸收含热量较少的蓝色、紫色光，不易受到阳光的伤害，所以红色、橙色、黄色的花朵格外多。

而青色、蓝色、紫色的花吸收的是含热量极高的红色光、橙色光、黄色光，花朵比较容易被阳光灼伤，因此，青色、蓝色、紫色的花较少。

　　我们已经知道，黑色无法反射任何光，也就是说，黑色的花必须将七色光全部吸收进去。如此一来，其中的热量之高可想而知，花朵会很快枯萎。这便是自然界中少有黑色花的原因。

　　但是在人工培育下，各种黑色的花却一一诞生，有黑玫瑰、黑郁金香、黑牡丹等，与其他颜色的花相比较，数量稀少的黑色花更加受到人们的青睐。

水果为什么大都是圆形的

　　树干长成圆形,是为了避免外界的伤害,可是许多水果也圆滚滚的,这又是什么原因呢?

　　通常来说, 圆形的水果比较能忍受风吹雨打, 这是因为圆形所承受的风吹雨打的力量总是相对较小;另外,圆形的水果表面积小,水果表面的蒸发量也就小,水分散失少,有利于果实的生长发育;

再者，较小的表面积在一定程度上减少了害虫的立足之地，水果得病的机会少了，成活率自然也就高一些。相反，过大的表面积不仅要承受更多的风吹雨打，也会经受较多的病虫侵害，成活率就要低得多。

在自然界形成之初，可能存在着各种不同形状的水果，只是经过成千上万年的自然选择，其他形状的水果因不适宜于外部环境而逐渐被淘汰，而圆形水果因具有更多的生存优势而保存了下来，这或许便是自然界"物竞天择，适者生存"的真谛吧。

转基因植物是怎么回事

科学的快速发展，使得"转基因"这个名词很快被大家熟知了。

在不远的将来，塑料不仅能从工厂中制作出来，还会从土地上"长"出来，因为专家们开发了一种会长塑料的欧洲油菜。

这种油菜的种植方法与普通油菜没有什么区别，但它长出的塑料聚合物却可以用来制成塑料管道和塑料瓶子等。这种植物塑料的最大优点是它的废弃物容易处理，可以被分解为无害物质。

科学家的不断探索研究，使我们的世界发生着巨大的变化。在不

久的将来，我们还会看到：一些制衣用的棉布不再需要人工染制，因为科学家们已开发出彩色的优质棉花；一排排会发光的植物将装点我们的街道，因为科学家们已经把发光基因引入了植物；还有株型优雅、花色奇特的神奇花卉……植物基因工程将创造出一系列的奇迹。

通过这些高新技术，我们可以获得更符合人类要求的高质量植物，不过，同时也可能造成很大的遗传基因污染，尤其可能对生态系统造成不可估量的冲击，正因为如此，转基因工程需要科学家长期观察评估后才能付诸实施。

水果能完全取代蔬菜吗

蔬菜和水果都含有丰富的维生素 C 和矿物质，经常食用对身体很有好处。很多人认为，水果比蔬菜的口感更好，吃起来也比较方便，所以喜欢用吃水果来取代吃蔬菜，这种做法是不对的。对于人体而言，水果和蔬菜具有不同的妙用，两者是不能互相替代的。

现在普遍的观点认为，水果的营养不如蔬菜。因为水果里所含有的营养物质一般都比蔬菜少，尤其是绿叶蔬菜中维生素

和铁的含量更高，对青少年的生长发育非常重要。另外，蔬菜中还含有大量的不可溶性膳食纤维，可以促进人体肠道的蠕动，从而达到清洁肠道的效果。

水果的主要成分是果胶，这是一种可溶性纤维，不容易被人体吸收。此外，水果的糖分多是单糖和双糖，可以很快地溶于血液，引起血糖浓度的快速升高，不利于健康；而蔬菜多是淀粉类多糖，需要人体的分解后，才能慢慢被吸收，不会引起人体血糖的大幅波动。

不过，水果的功效也应该值得重视，多数水果中含有各种有机酸，能刺激消化液分泌；许多水果还具有美容养颜的作用。所以，多吃水果、蔬菜对身体都是很有好处的。

植物的叶子为什么会掉落

每当秋季到来，许多树木的叶子纷纷告别树梢，飘然而下。这是为什么呢？

其实，植物的叶子并不能永久地存在，它是有一定寿命的，换句话说，叶子是有一定的生活期限的，到了终结之时，它就会枯死脱落。

树木落叶的情况有两种，一种是每当寒冷或干旱季节到来时，树上全部的叶子同时枯死脱落，仅存秃枝，如悬铃木、桃树、柳树、水杉等，另一种是在春夏季，新叶发生后，老叶才逐渐枯萎脱落，如松树、茶树、广玉兰、黄杨等，这些树木的叶子不是在同一个时期脱落，所以看上去终年常绿，也称"常青树"。

植物的落叶是由内因和外因共同作用的。内因是叶子经过一定时期的生理活动，细胞积累大量的代谢产物，特别是一些矿物质的积累，引起叶细胞功能的衰退，逐渐衰老，直至死亡。外因是由于寒冷、水分供应不足等不良环境造成叶的枯落。

事实上，树木落叶是一种正常的生理现象，也是树木

对低温、干旱等不良气候条件的一种适应。秋天落叶后，树木便进入冬眠期，使自己安全度过寒冷的冬季。只要不是因病虫害使树木脱落叶子，我们就不必为树木叶子的枯萎脱落而担心。

胡杨树为什么能在沙漠中生存

胡杨树是人们最敬佩的植物之一，俗语"胡杨树千年不死，死后千年不倒，倒后千年不朽"，就明明白白地说出了它那可贵的品质。

胡杨属于杨柳科落叶乔木，生长在荒漠地带，其奇特之处在于长有三种不同的叶子，一种像杨树叶，一种像柳树叶，还有一种既像杨

树叶又像柳树叶，胡杨树叶子的这种异形状况在植物界非常罕见，所以它又被人们叫做"异叶杨"。

胡杨的抗旱能力很强，可以在沙漠中存活。胡杨之所以能抗旱，是因为它有很强的储水本领。和很多沙漠植物一样，只要在胡杨身上凿个洞，就能够看到有水渗出来。它的老根还能向侧面伸出几十米远，每条根上都能长出新的树苗，胡杨盘根错节，可以防沙固土。

胡杨还可以在盐碱地中生存，它能够通过树干和树叶，把多余的盐碱排出去，免除盐碱对它的危害。

具备以上种种生存技能，胡杨的生命力堪称一流，寿命能达千年以上，这真是让人很羡慕！

酸性土壤是茶树的最爱吗

酸性土壤特别适宜种茶，首先是因为茶树生长需要一个酸性的环境。茶树在生理上特别适应酸性土壤的重要原因之一是：茶树根部汁液中含有较多的柠檬酸、苹果酸、草酸以及琥珀酸等多种有机酸，这些有机酸组成的汁液对酸性的缓冲力比较大，而对碱性的缓冲力较小，换句话说，茶树遇到酸性的生长环境，它的细胞汁液不会因酸的侵入而受到破坏，而在非酸性的土壤里，它的细胞汁液就会受到损伤。

　　其次，从酸性土壤本身的情况来看，也具有两个明显的特性，第一个特性是它含有铝离子，酸性越强，铝离子也就越多，而在中性及一般的碱性土壤中，由于铝离子不可能溶解，所以也就很少或者根本没有铝离子的存在。

　　酸性土壤的另一个特性是含钙较少。钙是植物生长的必要营养元素之一，茶树也不例外，但是茶树对钙的需求不多，土壤中如果含钙过多，反而会影响茶树的生长，而酸性土壤的含钙量恰好符合茶树的需要。

秋天的落叶为什么比其他季节多

　　深秋时节，大多数的梧桐树叶已落尽，而靠近路灯的树上，却总还有一些绿叶在寒风中艰难地挺立着。你知道这是什么原因吗？

　　其实，这种现象一点也不神秘，原来，影响植物落叶的条件是光照，而不是温度。实验证明，增加光照时间可以延缓叶片的衰老和脱落，而且用红光照射效果尤为明显；反之，减少光照时间，则可以加快树叶脱落。

　　后来，科学家们经过艰苦探索，终于找到了控制叶子脱落的化学物质——脱落酸。它的名字清楚地表明了它的作用。脱落酸能明显地促进落叶，在生产上具有重要意义，如在棉花的机械化收割中，碎叶片和苞片掺进棉花后会严重影响棉花的质量，因此在收割棉花前，人们先用脱落酸对棉花进行喷洒，让叶片和苞片完全脱落，这就可以保证棉花的加工质量。

　　当然，也有一些激素具有与脱落酸相反的作用，如赤霉素和细胞分裂素，它们能延缓叶片的衰老和脱落。

由于树叶的正面是由紧致、整齐的细胞构成的栅栏组织，反面是由排列疏松、散漫的细胞构成的海绵组织，所以树叶的正面比反面重，导致了在树叶落地时多是背面向上。

雨树是怎样下雨的

俗话说，"天要下雨，娘要嫁人，谁也没办法。"我们都知道，下雨是一种自然现象，虽然在神话传说里，下雨是由龙王爷管着的，可是谁也没见过龙王爷。不过，世界上有一种树，是确实会下雨的，人们称它为"雨树"。

2009 年初，人们在四川省的仁寿县发现了一处古墓，相传里面埋葬的是南宋时期的一位著名将领。这里还发生了一件非常奇怪的事情，原本生长在墓地附近的一棵大树，好端端地在晴天下起雨来。这件怪事儿一传十、十传百，吸引了很多人前来观看。这些人异口同声地说，自己确实在晴天的时候看到了大树在下雨。大树真的会下雨吗？其中是不是有什么误会呢？

我们去看雨树吧！

148

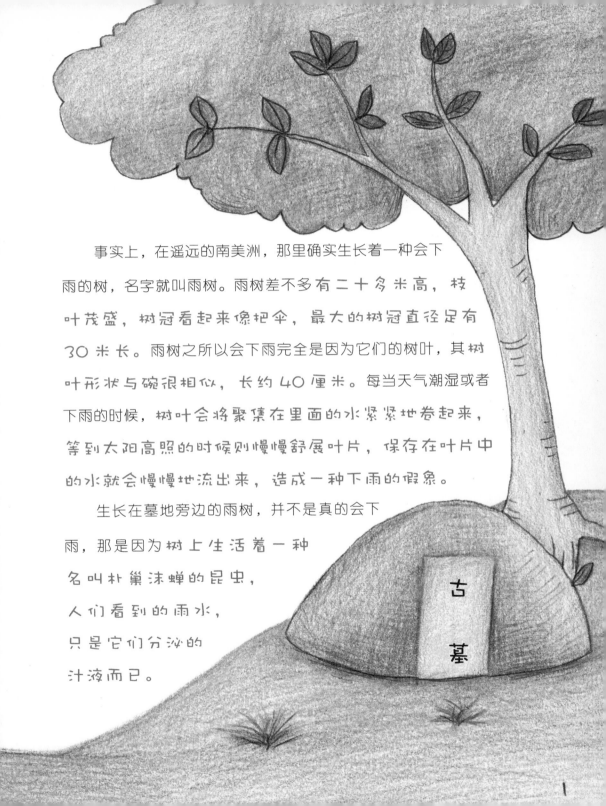

事实上，在遥远的南美洲，那里确实生长着一种会下雨的树，名字就叫雨树。雨树差不多有二十多米高，枝叶茂盛，树冠看起来像把伞，最大的树冠直径足有30米长。雨树之所以会下雨完全是因为它们的树叶，其树叶形状与碗很相似，长约40厘米。每当天气潮湿或者下雨的时候，树叶会将聚集在里面的水紧紧地卷起来，等到太阳高照的时候则慢慢舒展叶片，保存在叶片中的水就会慢慢地流出来，造成一种下雨的假象。

生长在墓地旁边的雨树，并不是真的会下雨，那是因为树上生活着一种名叫朴巢沫蝉的昆虫，人们看到的雨水，只是它们分泌的汁液而已。

古墓

植物在冬天是如何生产氧气的

冬天来临，大多数植物的叶子会脱落，只剩下光秃秃的枝干。没有了叶子，植物就无法进行光合作用了，那么，这会不会引起全球范围内的缺氧问题呢？

事实上，落叶树木进行光合作用所产生的氧气是很有限的。即使是在冬季，落叶树木的树叶全部落光了，你也不用担心从而会引起全球缺失氧气的问题。因为全球主要的光合作用发生在大面积的热带雨林，那里温暖多雨，叶子一年四季都是绿色的，可以不间断地进行光合作用，为大自然提供足够的氧气。

氧气还有一个重要的来源，那就是海洋。海洋占据着地球表面积的3/4，那里生活着许多可以进行光合作用的藻类，藻类释放出来的氧气，可以通过海水渗入到空气中，它们提供了全球50％的氧气。

太阳光可以传播到海洋表面180米以下，这叫作透光层，90%的海洋生物生活在这个区域，包括所有的海洋植物。在这个范围之外的深海是没有阳光的，也就没有植物。

日轮花为什么被称作"吃人魔王"

南美洲亚马逊河流域茂密的原始森林和广袤的沼泽地带里，生长着一种令人畏惧的吃人植物，名叫日轮花，人们也称为"吃人魔王"。

日轮花长得十分娇艳，其形状酷似齿轮，故而得名。日轮花的叶子一般长达 1 米左右，花朵散生在一片片的叶子上面，平时散发出诱人芳香，像兰花的香味一样，很远就可闻到。

如果人们不小心碰上它或试图采摘它，它那细长的叶子便立刻像鸟爪一样从四周伸卷过来，紧紧地把人拉住，拖倒在潮湿的草地上，直到使人动弹不得。这时，躲在日轮花上的许多大蜘蛛便会蜂涌而来，

爬满受害者的身体，细细地吮吸和咀嚼，美美地饱吃一餐。

蜘蛛吃了人的躯体后，排出的粪便可以成为日轮花的肥料。原来，日轮花是靠蜘蛛来吃人的。如果你以后见到了这种花朵，一定要躲得远远的。

蘑菇为什么喜欢阴暗潮湿

很多小朋友喜欢吃蘑菇，那么，你认为蘑菇是植物吗？你知道它喜欢生长在哪里吗？

其实，蘑菇是一种腐生真菌，它没有叶绿素，不像一般绿色植物那样，依靠光合作用制造有机物质来满足自己的生长需要，它是靠菌丝分解吸收其他生物或生物遗体、生物排泄物中的一些现成的有机物质和矿物盐来生长繁殖，对生物体有腐解

的能力，这个过程中，它不仅满足了自己的生长需要，还能释放出二氧化碳、水和一些无机盐，可以供其他植物利用。

蘑菇总爱生长在一些腐烂的木头上，或者是阴暗潮湿的树荫下。这是为什么呢？原来，蘑菇具备一种特殊的生理机能和构造，不需要阳光就能生长，如果把它置于阳光之下，由于湿度大小，它反而会不适应这种环境。

长着"斑马纹"的白桦树皮
有什么用处

白桦树皮上长有一道道的横纹，就像斑马身上的条纹一样，因此人们称它为"斑马纹"。这些横纹是白桦树的呼吸气孔，也叫皮孔。通过这些皮孔，白桦树就可以畅快地呼吸了。

与很多树木不一样的是，白桦树生长一段时间后会自动脱落一层薄树皮，一方面是为了把树皮上的灰尘带走，

另 一 方 面
还 能 够 更 加 顺 畅
地 呼 吸 。

　　白桦的树皮一边光滑，另一边却
疙疙瘩瘩、高低不平的，这是由于光照
不同而造成的。生长在北方的白桦树，树皮光滑
的一面朝南，树皮有疙瘩的一面则朝北。如果你不慎在野外
迷路了，记得去看看白桦树，它将是一位很好的向导。

　　白桦树与人们的生产和生活有着很大的联系。比如，白桦树的树
皮有很多用途，由于它是白色的，能撕得很薄并卷成卷，可以当纸来用，
又由于它容易燃烧，还可以作为取暖的引火柴。其实，白桦树皮的作
用远不止于此，据说，当年印第安人还曾用它制成独木舟、建造棚屋等。

　　白桦树一般都生长在比较寒冷的地区，它们也会储存水分。用小
刀在白桦树皮上划一个口，就会有汁液流出来。白桦树的木质特别坚
硬，非常适合制作成矿井的顶梁柱。

植物一直在阳光下会死吗

阳光是万物的能量，植物的生长必须要有阳光，如果我们给植物创造一个24小时都有阳光的环境，那样对植物是不是很好呢？

为此，人们做了一个实验，用各种方法给植物提供24小时充足的光照，原本以为植物会朝气蓬勃地生长，但没想到的是，植物在这种情况下不但没有健康地生长，反而在不到两天的时间内，叶子慢慢地变黄了，到了第三天，发黄的叶子越来越多，于是，这个实验就被迫

放弃，因为，如果再继续做下去的话，植物将必死无疑。

所以，我们不能让植物一直在阳光的照射下生存。因为，**植物也是需要休息的**。虽然光照是绿色植物进行光合作用不可缺少的条件，但是，过分的光照对植物是不利的，还是要顺其自然，由它日出而作，日落而息的好，这样的植物才会最健康。

159

为什么冬天要烧草坪

你见过农民伯伯给庄稼施肥的场景吗？为什么每年都要给庄稼施肥呢？

原来，植物生长的土壤里需要含有一定量的矿物质，只有通过吸收这些矿物质，植物才能更好地生长发育。一般土壤里都含有各种矿物质元素，但是由于植物生长时根的不断吸收和被雨水的冲刷，土壤里的矿物质含量会逐渐减少，不足以支持庄稼的成长。

小草和庄稼一样，也需要有适量的矿物质养料，但是平时草坪很少有被施肥的机会，于是，到了冬天，用火把草的茎叶烧成灰，茎叶中的矿物质就会保留在灰中，灰可以随着雨水渗透

到土壤里，这样，从土中吸收的矿物质又回到土里，好像施了肥似的，等来年春天小草萌发之时，就可以再次利用它们了。

有人会担心，不会把小草烧死吗？不会的，烧草坪的时候只是茎叶被烧掉，长在土中的地下根茎不会受到影响，春天来了，小草照旧可以旺盛地生长，正如诗中所说："野火烧不尽，春风吹又生。"其实，即使不烧，小草的茎叶在冬天的时候也会渐渐枯萎，慢慢腐烂，再融入到土壤里，只是那个过程比较缓慢而已，相比之下，还是用火烧草坪对小草的生长更有好处。

为什么有些植物的根部长满瘤子

提起瘤子，大多数人涌上心头的都是"难看"、"可怕"等负面情绪，不过，那是对人类而言。对于植物来说，根部生长一些瘤子，却是有不少好处的。

很多植物的根部长满奇形怪状的瘤子，不明就里的人或许会认为它们生病了。其实不然。虽然这也是一种细菌侵入行为，却完全不用担心，因为这些细菌不但不会损害植物，反而大大有益于植物的生长和发育。

这是因为植物的生长发育需要一种叫作"氮"的元素。若是缺少了这种元素，植物就不能够健康生长。虽然大气中氮的含量很多，但是植物却不能直接吸收应用，而这些叫"根瘤菌"的细菌能帮助植物解决这个问题，它们可以把空气中的氮气固定住，以满足植物生长发育的需要。

不过，根瘤菌也不是义务劳动者，它们依靠豆科植物提供的水分和养料而存活。这种不同生物相互依存的现象，在生物学上被称为"共生"。由于根瘤菌具有固氮作用，豆科植物里氮元素含量一般都比较高，所以很多豆科植物可以作为绿肥使用，例如苜蓿、紫云英。

树叶为什么会变红

有一句诗是"霜叶红于二月花",意思是说秋天被霜打落的叶子,就像二月的花一样红。树叶为什么会在秋季变成红色呢?

其实,绿叶慢慢变黄只不过是揭下了绿色的面纱,因为在漫长、翠绿的夏天里,黄色素一直躲藏在树叶中;而当炎夏告别,绿色素分解时,黄色便一展风采。可是,红色素却并非整个夏天都在树叶里隐藏,它通常只是在快要落下枝头的前几个星期,才打起临终前最后的精神,拼死制造红色素,从而展现出一片姹紫嫣红。

曾经有人打趣说,树叶在秋天变红简直就像人们在死神降临前最后的"梳妆"一样。事实上,科学家发现,秋叶中的世界犹如冰海沉船上的大动乱,当新陈代谢的通道就像船上的逃生之路一样完全被堵死时,各类化合物就像乘客一样开始崩溃。大难将至之时,细胞们开始抓紧时间抢救有价值的东西,把它们转移至安全处。

那么,在

好冷

这生死攸关的紧要关头，为什么"树叶泰坦尼克号"的乘员们会不顾逃命，反而停下来修补自己那已无实际价值的"特等舱"呢？

　　原来，红色素是大自然的"降压灵"，它们能让脆弱、精细的细胞结构免遭破坏，而这种破坏严重威胁着那些面临巨大压力的植物。如缺乏水分、缺少养分、光照过强、遭遇食草动物和病菌袭击等，而红色素能清除"危险分子"，对维持树叶的生存起着非常重要的作用。

植物为什么会出汗

人热了会出汗，植物热了也会出汗，你觉得很奇怪吗？这可是一个小常识哦。

在夏天的早晨，人们常在土豆、西红柿、蚕豆、杨树、柳树等植物的叶子，或者嫩绿的杂草上发现一颗颗十分晶莹透亮小水珠。如果说它们是露水，那可就大错特错了。实际上，那是植物所流出的"汗水"。植物"出汗"，也可以称为"吐水"，属于正常现象。

白天，植物在阳光下进行光合作用，叶面上的气孔张开进行气体交换，并不断蒸发出水分。到了夜晚，温度降低，湿度很大，叶片上的气孔又大都关闭，水分蒸腾不出去；而土壤水分充足，根部仍在不停吸水。这样一来，植物体内的水分就会过剩，多余的水分只得从叶面上衰老的、不能关闭的气孔中冒出来，这就是植物"吐水"的原因。

除此之外，植物还有一种排水腺，也可以叫它为汗腺。这种汗腺也是植物排放多余水分的渠道。植物的汗一般都

是在夏天的夜晚流出的，不过，有时也会在空气潮湿、没有阳光的白天流出。植物的汗水里含有少量的无机盐和其他物质，和露水是有着本质上的区别的。

植物的吐水量因品种不同而有所差异。据观测，在适合的条件下，一片芋头的幼叶一夜可排出150滴左右的水珠，一片老叶可以排出190滴水珠；水稻、小麦叶子的吐水量也较大。

如果说植物的发烧通常是病理现象的话，那植物出汗就是一种生理现象了，它是为了保持植物体内的水分平衡、维持植物的正常生长而进行的生理代谢。

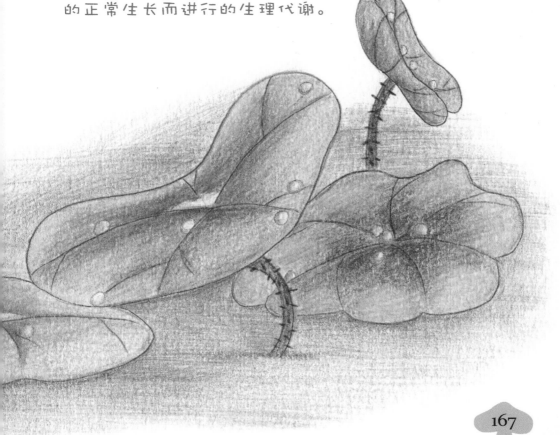

一些植物在水里是怎样生活的

你观察过水中的植物吗？生活在水里的植物，有的漂浮在水面上，有的悬浮在水中，有的用根或假根固定于水下某处，而身体则完全或者不完全地浸在水里，这就是水中植物生活的状态。其实，它们和陆地上的植物一样，也是利用光合作用来为自己提供养料而生存的。

很多水生植物常年生活在水里，它们的叶子变成丝状，不仅增大了光照的面积，还可以让溶在水里的二氧化碳更好地进入到叶片中，同时还能减少水对叶片的压力。

水里的氧含量不足空气的 1/20，为了得到更多的氧气，水生植物往往长有较多的通气道。例如莲，它的变异茎——藕中长满了气孔，另外荷叶的叶柄也布满了通气道，并且气孔和通气道是相通的，这样叶柄就可以通过气孔把空气传到莲藕上了。

　　白睡莲属于一种沉水植物，它的习性很奇特，喜欢生活在污浊的水里，因为它能溶解水中的有毒物质，吸收铅、汞等重金属，是一种很理想的净化水质植物。

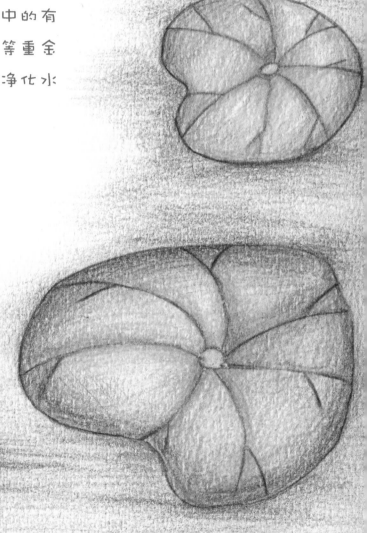

有些植物的茎为什么是空心的

不知道大家有没有见过一些空心的植物。下面我们先看一下植物的大概结构。

我们把植物的茎切断来观察，最外层的是表皮，有的上面会长一些毛或刺；表皮里面是皮层，皮层中有一些薄壁组织和比较坚固的机械组织，这两层都比较薄。从皮层再往里面看，就是中柱部分。中柱部分含有一个个的维管束，这是植物茎中最重要的部分，是用来输送养分和水分的。中柱部分的正中心叫做髓，面积很大，都是些很大的薄壁细胞，功能是储存养料。

但是，为何有些植物中间髓的部分会萎缩消失，变成空心状态呢？其实，这是植物进化时所做的选择，有利于增强生存优势。

因为植物茎中的机械组织和维管束，好像钢筋混凝土建筑物中的梁架，而髓就好像建筑物中的填充物。有了这些，植物就可直立起来。

如果植物没有髓，如同拿掉了梁架的填充物，就好像建筑采用的工字型结构，由于它的支持力大，又省材料，所以很难被折断和伏倒的，换句话说，它们是非常结实的。